AF744439

El legado de Darwin

Del mismo autor

The disorder of things: metaphysical foundations of the disunity of science, Cambridge, 1993
Human nature and the limits of science, Oxford, 2001
Humans and other animals, Oxford, 2002

John Dupré

El legado de Darwin

Qué significa la evolución hoy

Traducido por Mirta Rosenberg

katz difusión

Dupré, John
El legado de Darwin : qué significa la evolución hoy - la ed. - Buenos Aires : Katz, 2006.
206 p. ; 17x11 cm.

Traducido por: Mirta Rosenberg

ISBN 987-1283-18-0

1. Psicología Evolutiva. I. Mirta Rosenberg, trad. II. Título
CDD 155.7

Primera edición, 2006
© Katz Editores
Sinclair 2949, 5º B
1428, Buenos Aires
www.katzeditores.com
Título de la edición original: *Darwin's Legacy: What Evolution Means Today*

© John Dupré, 2003
"*Darwin's Legacy: What Evolution Means Today* was originally published in english in 2003. This translation is published by arrangement with Oxford University Press."
"*Darwin's Legacy: What Evolution Means Today* fue originalmente publicado en inglés en 2003. La presente edición castellana se publica por acuerdo con Oxford University Press."

ISBN: 987-1283-18-0 (rústica)
ISBN: 84-609-8391-9 (tapa dura)

El contenido intelectual de esta obra se encuentra protegido por diversas leyes y tratados internacionales que prohíben la reproducción íntegra o extractada, realizada por cualquier procedimiento, que no cuente con la autorización expresa del editor.
Diseño de colección: tholön kunst
Impreso en la Argentina por Latingráfica S. R. L.
Hecho el depósito que marca la ley 11.723.

Índice

Para Regenia

Prefacio

Un par de años atrás recibí una invitación de Shelley Cox, quien entonces estaba en la Oxford University Press, sugiriéndome que contribuyera a una serie de libros breves dedicados a tratar los grandes temas de la filosofía. En ese momento, estaba trabajando sobre temas relacionados con la evolución, y se me ocurrió que sería adecuado para la propuesta contribuir con un ensayo sobre las implicaciones más amplias de la evolución. Es indiscutible que los grandes temas –la existencia de Dios, nuestra visión de la naturaleza humana y nuestra relación con otras criaturas– se ven afectados por las ideas acerca de la evolución. El intento de expresar mi enfoque acerca de esos asuntos de manera sucinta y accesible al gran público ha sido un verdadero desafío, y muy gratificante.

Este libro se ha beneficiado sin duda de conversaciones y trabajos de muchos académicos, colegas y amigos a lo largo de los veinticinco años durante los que me he dedicado a distintos aspectos de la teoría evolutiva. No pretendo consignar aquí todas esas contribuciones. Mis deudas más inmediatas son con el público de Ghent, Bristol y Exeter, que respondió a un trabajo donde se presentaban algunas ideas que se desarrollan en los capítulos 3 y 4; con Anya Plutynski, que me envió algunos comentarios útiles en una primera versión escrita de este material; con Jonathan Kaplan, quien me salvó de algunos errores en el capítulo 7; con Shelley Cox y Emma Simmons, de Oxford University Press, por su amable pero firme aliento para que siguiera adelante con el proyecto; y con Marsha Filion, sucesora de Shelley en Oxford, por sus detalladas y valiosas sugerencias que hicieron que el libro, especialmente los capítulos iniciales, pudiera leerse mejor.

Estoy agradecido a muchos colegas de la Universidad de Exeter por haber contribuido a constituir el entorno agradable e intelectualmente estimulante en el que se escribió este libro. El volumen se completó cuando asumí mi cargo de director del recientemente establecido Economic and Social Research Council Centre for Genomics in Society, y agradezco profundamente el apoyo que me brindó el ESRC. Como siempre, mi mayor deuda es con mi pareja, Regenia Gagnier, por su constante estímulo y diálogo intelectual y muchas cosas más. Este libro está dedicado a ella.

1
Introducción

Mi ocupación es todavía inusual en el Reino Unido, aunque resulta más común en los Estados Unidos, donde ha transcurrido la mayor parte de mi vida profesional. Me gradué en filosofía, pero me dedico al estudio de la biología. Al igual que cualquier otro filósofo de la biología que conozco, he pasado mucho tiempo pensando acerca de la evolución. Los biofilósofos, de manera típica, invierten una buena cantidad de su tiempo reflexionando sobre preguntas más bien mínimas con respecto a la evolución: ¿La selección natural actúa sobre los genes o sobre los organismos individuales? ¿La evolución se produce a un ritmo constante o avanza en arrebatos intermitentes? ¿En qué medida los organismos se adaptan de manera óptima a su entorno? Pero por cierto, también se plantean grandes preguntas. ¿Qué nos dice la evolución sobre nosotros mismos? ¿Sobre el lugar que ocupamos en el universo? ¿Sobre Dios? En este libro intento destilar mis opiniones sobre estos temas, a las que he ido dando forma durante varias décadas, concentrándolas en un delgado volumen. Expresada de manera más general, la pregunta a la que pretendo responder es: ¿qué nos dice la evolución acerca de nosotros mismos y de nuestro mundo? O, expresada de otra manera, ¿por qué a nosotros (que no somos biólogos) debería importarnos la evolución? La respuesta que ofrezco en este libro es que la evolución tiene de hecho trascendentales consecuencias para nuestra visión de nosotros mismos y de nuestro lugar en el universo, pero que no tiene en realidad la clase de consecuencias más ampliamente difundidas en la actualidad. En particular, tiene una utilidad limitada en lo que se refiere al esclarecimiento de la naturaleza humana.

Pocas personas dudan de la importancia de la teoría de la evolución. Su desarrollo es, al menos, uno de los logros paradigmáticos de la ciencia occidental. Podemos estudiar la teoría de la evolución como un ejemplo de la manera en que se puede acceder a una profunda interpretación de nuestro mundo. Pero, por cierto, este conocimiento no es tan sólo interesante como ejemplo de conocimiento, sino que además ha afectado profundamente la comprensión que tenemos de nosotros mismos y del lugar que ocupamos dentro del universo. Aunque algunos consideran que la teoría de la evolución es algo semejante a un relato novelístico de los métodos usados por Dios para crear el mundo, para otros esa teoría es el último elemento esencial de una visión naturalista y materialista del universo, que, desde su postulación, eliminó el último lugar de refugio donde podía ocultarse un Dios o los dioses. En un nivel más mundano, el acto de explicar cómo fue que los aspectos de la naturaleza humana surgieron a partir de las exigencias de nuestra historia evolutiva se ha convertido en uno de los métodos más confiables para escribir un *best-seller*. Otros han acusado a los autores de estos *best-seller* de relatar cuentos seudocientíficos, o incluso de cosas peores. Estos debates se han contado entre los más caldeados de los que se han producido recientemente en el ámbito intelectual. Ese grado de apasionamiento y de virulencia se da por descontado en los enfrentamientos entre evolucionistas y creacionistas, pero las disputas internas de la biología, en las que famosas figuras públicas tales como E. O. Wilson, Steven Pinker o Richard Dawkins se han alineado contra biólogos como Richard Lewontin, Steven Rose y Stephen Jay Gould, no han sido menos vitriólicas. Este volumen ofrece un examen de esos debates y da una opinión acerca de cuál es la posición que resulta más creíble.

CREENCIA Y ESCEPTICISMO

Ha habido tensión entre la evolución y la biología desde que el obispo Samuel Wilberforce –según una anécdota famosa, pero posiblemente apócrifa– le preguntó al gran defensor de Darwin, T. H. Huxley, si alegaba descender del mono por la línea materna o por la paterna de su familia. Hoy los fundamentalistas cristianos todavía consiguen quedar en una posición ridícula cuando intentan eliminar la enseñanza de la teoría de la evolución de los programas escolares. Por supuesto, casi todos los cristianos son más inteligentes, y suelen reiterar cada vez más su convicción de que no existen grandes dificultades para reconciliar las ideas evolutivas con la fe cristiana. Esa opinión ha sido defendida por prominentes biólogos y filósofos. En lo personal, no coincido en absoluto con esa conciliación. Situándome en la poco familiar compañía de Richard Dawkins, el más prominente científico contemporáneo ateo, y de los cristianos fundamentalistas, creo que se trata de concepciones enfrentadas, y que las personas de creencias religiosas acendradas sienten un temor bien fundamentado ante la aceptación generalizada del pensamiento evolutivo.

El escepticismo siempre ha sido una de las mayores contribuciones intelectuales de la filosofía. Muchos filósofos han profesado admiración por la ciencia, no tanto a causa de sus descubrimientos sino más bien debido a los métodos cautos, provisorios y hasta escépticos empleados por los mejores científicos. Un ejemplo extremo de esta actitud fue la del hombre que tal vez haya sido el más famoso filósofo de la ciencia, sir Karl Popper. Popper no pensaba que ninguna afirmación científica debía ser necesariamente considerada verdadera. Lo que admiraba era la tendencia de los científicos a refutar las hipótesis. Sin duda, Popper exageraba la importancia de esta tendencia, elevando el proceso de refutación hasta convertirlo en la base de toda metodología genuinamente científica, pero no hay duda de que la actitud que expresa su tesis resulta admirable.

Yo, por mi parte, sostengo que a veces la ciencia puede acumular suficientes evidencias para respaldar sus afirmaciones, haciendo imposible cualquier refutación, y creo que ciertas tesis evolutivas generales han alcanzado ese nivel de credibilidad. (En determinado momento, Popper alegó que la evolución era infalsificable, y que por lo tanto no se trataba de una teoría científica genuina, aunque más tarde se retractó de su argumentación.) La idea crucial en este caso es la de *evidencia*. Otra tradición filosófica a la que suscribo es la del empirismo, el compromiso de considerar que el conocimiento se basa, en última instancia, sobre las evidencias de la experiencia. La idea básica de que cualquier límite de nuestro escepticismo, cualquier proposición acerca de nuestro mundo que estemos autorizados a creer, debe basarse en evidencias, me parece absolutamente correcta. Y, tal como argumento en detalle en el capítulo 4, este principio descarta cualquier teología bien fundamentada. Para expresarlo simplemente, tenemos evidencias que respaldan la teoría de la evolución, pero no hay ninguna evidencia que respalde la creencia en una deidad. Ésta, supongo, es una buena razón para que nos importe la evolución.

LA EVOLUCIÓN Y LA NATURALEZA HUMANA

Mi escepticismo con respecto a las afirmaciones religiosas no se basa en un compromiso dogmático con las afirmaciones de la ciencia. Por el contrario –y tal vez precisamente en este punto el enfoque de un filósofo suele diferenciarse del enfoque con el que un biólogo aborda este tema–, adopto también una actitud escéptica ante muchas afirmaciones supuestamente científicas. En particular, considero que todos los intentos de considerar la evolución como la clave de todas las mitologías, y como el camino hacia la profunda comprensión de la naturaleza humana, resultan absolutamente equivocados. Esas ideas están actualmente muy en boga, tal vez de manera más notoria en el trabajo de los así llamados psicólogos evolutivos.

En el capítulo 5 considero la relación de los humanos con el resto del reino animal. Gran parte del pensamiento religioso trata de erigir una barrera infranqueable entre los humanos y los demás animales: nosotros, pero no ellos, tenemos alma. En el otro extremo, los psicólogos evolutivos suelen repetir que nosotros somos tan sólo una especie animal como cualquier otra, y explotan esta afirmación para defender diferentes tesis acerca de la naturaleza humana. Así, por ejemplo, el argumento de que las mujeres tienden naturalmente a buscar hombres de sustanciales recursos puede presentarse junto con una exposición acerca del alcaudón gris. Los pájaros machos de esa especie acumulan distintos alimentos y toda clase de chucherías en el nido (plumas, trozos de tela) para atraer a las hembras codiciosas. Por medio de este ejemplo se insinúa que los hombres dispuestos a proporcionar una linda casa en los suburbios, con bellos cortinados y una alacena bien provista serán más atractivos para la hembra humana. O, en un ejemplo más siniestro, la descripción de patos acechantes ocultos detrás de los arbustos, que se revelan de un salto para asaltar sexualmente a las patas que pasan sirve como evidencia de que también los hombres pueden tener una disposición natural a la violación.

En este punto me descubro, inesperadamente, más cerca del lado de los ángeles. Aunque no creo en absoluto en el alma inmortal, las inferencias trasladadas analógicamente de la conducta animal a la conducta humana me resultan sospechosas. En general, es cierto que esos paralelismos suelen ser poco más que ornamentales. El hecho de que un rasgo se desarrolle en una especie tan sólo demuestra que puede desarrollarse, y el hecho de que algunas otras especies carezcan de ese rasgo demuestra que puede no desarrollarse. Los detalles de la conducta de especies no relacionadas entre sí son, por lo tanto, de escasa relevancia cuando se trata de entender una especie en particular, como ocurre en el caso de la nuestra.

Pero también es importante que no seamos injustos con aquello que nuestra propia especie tiene de extraordinario. Nuestra común carencia de almas inmortales no nos impide ser muy diferentes –y en aspectos relevantes– de otras criaturas con las que coexistimos. Nuestras culturas son órdenes de una magnitud más compleja que cualquier sistema social no humano que conozcamos, y no hay duda de que la clave de la posibilidad de esas culturas es la inigualada complejidad de los lenguajes humanos. Esta afirmación no es en absoluto original, pero con frecuencia suele ser oscurecida por gran parte de la teorización evolutiva más popular. Nuestras palabras, de hecho, pueden ser nuestra mejor alternativa de inmortalidad.

El capítulo 6 se ocupa directamente de la psicología evolutiva. En general, los psicólogos evolutivos consideran que sus principales oponentes son los científicos sociales, que suelen atenerse a algo llamado Standard Social Science Model (Modelo Estándar de la Ciencia Social), o SSSM, según el cual la mente humana es un producto de la cultura que no está en absoluto determinado por ninguna clase de biología humana. Tal como lo expresa Steven Pinker en un libro reciente, creen que la mente humana es "una pizarra en blanco". En oposición a ese enfoque, los psicólogos evolutivos alegan que la naturaleza humana es mucho menos variable de lo que habitualmente se supone, y que en realidad está constituida por un gran número de módulos mentales, estructurados por selección natural y destinados a generar una conducta evolutivamente óptima como respuesta a las claves ofrecidas por el entorno. Se trata de un esquema que parece coincidir profundamente con el *Zeitgeist* contemporáneo. Pero en mi opinión es también profundamente erróneo.

Es notoriamente peligroso suponer que la comprensión de cómo se produjo algo es la manera correcta de entender qué es lo que hace y cómo funciona. Sería erróneo inferir del hecho de que George W. Bush desciende de poderosos políticos que se trata de una persona bien equipada para ser un político, y sería igualmente erróneo inferir del hecho de que Bush pasó gran parte de su vida en la industria petrolera que sus políticas han tendido a favorecer los intereses de la industria del petróleo. Es necesario investigar ambas afirmaciones por sus propios méritos. Ambas pueden insinuar la existencia de procesos causales que podrían haber conducido a las características sugeridas, pero hace falta mucho más para establecer que esas características existen y son concretas. No pretendemos negar que la historia tiene importancia. Como todos sabemos, los que son ignorantes de la historia están condenados a repetirla. Pero la historia no sólo nos proporciona un conocimiento de la naturaleza humana sino que también es, en parte, un determinante de la naturaleza humana. Por ejemplo, se ha vuelto cada vez más común pensar que la exigencia de modalidades de gobierno democráticas es una expresión fundamental de la naturaleza humana. Pero si lo es, lo es tan sólo porque se convirtió en eso a través de una larga historia de luchas y disputas.

Lo que quiero decir fundamentalmente con esto es que, dado que la historia importa, debemos preguntarnos cuál parte de ella es la que importa. Los psicólogos evolutivos alegan que la historia que importa, la historia que sentó los elementos fundamentales de la naturaleza humana, es la totalidad de la curva del tiempo evolutivo. Argumentan que algo de naturaleza histórica tan efímera como la preferencia por la democracia es un dato demasiado superficial para que se lo considere parte de la naturaleza humana. Mi propia opinión es que la historia más reciente es, en general, mucho más relevante. Sin duda, gran parte de la evolución del cerebro se produjo mucho antes de que existieran seres que pudieran considerarse humanos, y que sin esta evolución la mente humana tal vez no hubiera existido. Pero para entender la mente humana, o la naturaleza humana, debemos estudiar las maneras, mucho más particulares, en las que las culturas particulares se han desarrollado y han evolucionado junto con la gente que vive en ellas.

Vinculando esta última afirmación con la exposición anterior acerca de la evolución y la teología, propongo que dos escalas temporales extremas engloban las partes de la historia verdaderamente importantes para nosotros. Una de ellas es la de los períodos muy largos. Fue enormemente importante descubrir, en primer término, que había existido un lapso muy extenso, y no los pocos miles de años establecidos por los antiguos exégetas bíblicos. Es aun más importante el hecho de que ahora tengamos un cuadro general de la clase de cosas que existieron y que no existieron durante esos eones de los que no éramos conscientes. Pero, por último, es igualmente importante apreciar la variedad de clases de conducta humana que se desarrollaron en los últimos miles de años.

Sin duda es de gran interés tratar de entender cómo eran las criaturas que evolucionaron hasta convertirse en los humanos modernos. Ese proyecto ha conducido a la psicología evolutiva a poner su énfasis en la Edad de Piedra, es decir más o menos el último millón de años de evolución. Sin duda, se trata de una parte importante de la historia prehumana, pero en el estudio de este período hay bastante menos para aprender acerca de los humanos modernos de lo que suponen los psicólogos evolutivos. Resulta que una parte esencial de la razón por la cual debemos ocuparnos de la evolución es decidir cuáles son los aspectos de la evolución que revisten para nosotros mayor importancia.

El tema final que abordo es el de la relevancia de la evolución en las clasificaciones contemporáneas de los humanos, y en particular las clasificaciones de los humanos que han causado las mayores controversias y los más grandes sufrimientos: la raza y el sexo. Aparte de los inquietantes balbuceos sobre las ventajas evolutivas de la xenofobia, la psicología evolutiva no ha tenido demasiado que decir acerca de la raza. Y es mejor que las cosas sigan así. No obstante, tenemos una idea bastante precisa de lo que probablemente haya sido la historia evolutiva de las diferencias raciales, y sin duda puede resultar más útil y menos dañoso tenerla en cuenta al tratar el tema de la raza. El sexo es un tema absolutamente distinto, y por cierto ha sido el objeto de investigación más importante de los psicólogos evolutivos. Ya he mencionado el supuesto enfoque económico de las mujeres respecto de la elección de pareja sexual y la supuesta tendencia masculina a la violación. En esta área no hay límite discernible para las extravagantes afirmaciones que se hacen a veces basadas en fundamentos evolutivos. Ben Greenstein, un biólogo dedicado al estudio de las hormonas, escribe en la solapa de su libro, *The fragile male:* "Primero y primordialmente, el hombre es un fertilizador de mujeres. Su necesidad de inyectar sus genes en una mujer es tan fuerte que domina su vida desde la pubertad hasta la muerte. Esta necesidad es incluso más intensa que la necesidad de matar".

Se trata de un ejemplo extremo, pero sirve como representación dramática del problema. Se abusa en este caso del pensamiento evolutivo, empleándolo para pintar un cuadro crudo y a veces hasta repugnante de la naturaleza humana, y es una imagen que ha recibido una amplia difusión. De los hechos de la evolución no se desprende ninguna visión de la naturaleza humana que se asemeje a ésa. Más adelante, explicaré en este volumen exactamente los puntos erróneos de las argumentaciones que supuestamente han conducido a la construcción de esa visión.

El último tema me lleva de regreso a los primeros capítulos del libro, de los que aún no he dicho nada. En los capítulos 2 y 3 trato de explicar lo que es la teoría de la evolución y para qué sirve o, más específicamente, qué clases de cosas puede explicar. Ésta es la parte del libro que seguramente causará mayor irritación a mis colegas profesionales, ya que expresa algunas opiniones polémicas acerca de la interpretación de la teoría científica, y que probablemente resultará más pesada para el lector general, ya que el tema está bastante distanciado de las implicaciones directas del pensamiento evolutivo, que constituye el tópico principal de este volumen. En este punto le pido paciencia al lector. Obviamente, no podemos decidir qué implica la evolución si no tenemos una concepción bastante precisa de lo que es. Resulta que, también en este caso, algunas ideas bastante simplistas han cobrado gran difusión popular. Sin embargo, nuestra idea de la evolución continúa desarrollándose, y en direcciones que nos permiten ver con toda claridad las dificultades con las que se topan las especulaciones que serán tema de los últimos capítulos.

Ésta, entonces, es la visión que un filósofo tiene de la evolución. Se trata de un enfoque filosófico basado en el escepticismo y en el empirismo. Al hablar de escepticismo, no me refiero a que reflexionaré a la manera en que se les exige hacerlo a los estudiantes de filosofía de primer año acerca de si no seremos todos cerebros suspendidos en fluidos nutrientes, en cuyas cortezas cerebrales unos alienígenas extremadamente inteligentes introducen datos y experiencias. Más bien, este libro se dedicará a preguntar si disponemos de sólidos fundamentos para creer todas esas cosas que la ciencia, la autoridad, la tradición y demás nos alientan a creer. El empirismo proporciona el estándar al que las creencias deberían adecuarse. Si somos capaces de descubrir en qué clase de mundo vivimos, sin duda la mejor manera de hacerlo es por medio de nuestra experiencia de ese mundo. La ciencia siempre ha aspirado al empirismo, pero no siempre ha estado a la altura de esa aspiración.

Es ésta una concepción austera de la manera en que deberíamos decidir qué creer, y tal vez no resulte agradable para muchas personas. Pero la fascinante lección de la ciencia es que es posible aprender sobre nuestro mundo, y hacerlo a un nivel increíblemente profundo. Es vital que esa posibilidad no nos tiente a tomar atajos en la investigación que podrían llevarnos de regreso al dogmatismo de las visiones del mundo precientíficas. Con la esperanza de contribuir a evitar ese peligro, defiendo este enfoque escéptico de uno de nuestros mayores logros científicos.

2
¿Qué es la teoría de la evolución?

PERSPECTIVA GENERAL

La "teoría" de la evolución no suele usarse con mayor frecuencia para referirse a una teoría científica, sino para aludir a un conjunto de proposiciones muy generales. El postulado central del pensamiento evolutivo es el simple hecho de que la vida evolucionó sobre la faz de la tierra. De las formas más simples derivaron las formas complejas y todas, o al menos la gran mayoría de las formas de vida, comparten antecesores comunes. La idea fundamental que sostiene esta argumentación es la de descendencia con modificación. Estas afirmaciones están más allá de cualquier cuestionamiento serio. También se conocen más allá de cualquier duda ciertos esquemas generales de las relaciones más específicas que existen entre organismos, por ejemplo, que todos los mamíferos comparten una especie ancestral común, aunque tal vez estos esquemas sean demasiado locales para considerarlos parte de los postulados esenciales. Algunos estudiosos tienden a incluir dentro de los postulados esenciales la afirmación que sostiene que las primeras formas de vida evolucionaron a partir de materiales no vivos. Sin embargo, siguiendo a Darwin, no considero que tales afirmaciones necesariamente formen parte de la teoría de la evolución. Si, tal como han argumentado algunos científicos respetados, las primitivas formas de vida llegaron del espacio exterior, ese hecho no alteraría demasiado lo que creemos acerca de la evolución que se produjo ulteriormente. Volveré sobre este tema una vez más al final de este libro.

Huelga decir que nuestro objeto de análisis no se agota con este simple conjunto de proposiciones, y que las cosas muy pronto se tornan bastante más problemáticas. Muchos de los problemas podrían evitarse si pudiéramos proscribir la expresión "la teoría de la evolución". Una razón relativamente trivial para hacerlo es que la palabra "teoría" se emplea con frecuencia en el habla popular para expresar un alto grado de conjetura y especulación, como en el caso de "es pura teoría". Esta connotación suele ser explotada por los fundamentalistas cristianos, quienes argumentan que su teoría (el creacionismo bíblico) tiene tanto derecho como la nuestra (la evolución) a concitar nuestra atención y la atención de nuestros hijos. Sin dudas, existen elementos especulativos referidos a la evolución, pero hay otros elementos, en particular sus proposiciones esenciales y algunos hechos más periféricos respecto de las relaciones entre clases particulares de organismos, que son tan incuestionablemente ciertos como cualquier otra cosa que la ciencia haya establecido. Uno de los propósitos principales de este capítulo será el de diferenciar esas partes de la teoría sobre las que ya no pueden subsistir cuestionamientos serios de aquellas otras partes que aún dan lugar a un acalorado debate científico.

Un segundo problema, más grave, que suscita la expresión "la teoría de la evolución" es el planteado por el artículo definido. La evolución engloba un complejo conjunto de creencias con diferentes grados de certeza. Decir "la" teoría de la evolución sugiere la existencia de un todo unificado, y tal vez incluso de un todo que debe ser aceptado o rechazado íntegramente. Y en áreas más técnicas de la filosofía de la ciencia, el hecho de referirse a la evolución como a una teoría ha sugerido un paralelo con elementos tales como la teoría de la relatividad, o la teoría cuántica. Estas teorías del ámbito de la física han sido objetos más tradicionales de la investigación filosófica, y ha insumido décadas de trabajo advertir que la articulación de una descripción de la evolución era una empresa intelectual de características muy distintas. Aún se debate si es útil considerar esas teorías como sistemas axiomáticos, tal como argumentó una generación anterior de filósofos de la ciencia, pero resulta claro que no es útil pensar en la evolución en esos términos.

EVIDENCIAS DE LA EVOLUCIÓN

Ya he dicho que la descendencia con modificaciones y la relación entre diferentes clases biológicas son hechos. Por cierto, no pretendo afirmar dogmáticamente que estos hechos no podrían eventualmente resultar falsos. Tal vez, como ya he mencionado en la Introducción, no somos más que cerebros que flotan en tanques de fluidos nutricios, meros juguetes de alienígenas perversos. Pero dejando de lado esa clase de hipótesis escépticas que amenazan todas nuestras aspiraciones al conocimiento, estos hechos están tan claramente demostrados como cualquier otro. Se fundan en la abrumadora convergencia de evidencias. En primer lugar, hay evidencias fisiológicas que confirman la relación existente entre estructuras. Un ejemplo clásico es el de la estructura de los miembros superiores de los mamíferos. El ala del murciélago, la aleta de la ballena y el brazo humano comparten exactamente la misma disposición de huesos, pero organizados para cumplir con funciones muy diferentes. A nivel microscópico, todos los organismos comparten las mismas relaciones entre la secuencia de ADN y la estructura de los aminoácidos, cuyo conjunto y proporción están condicionados por el ADN. La misma estructura ósea de los mamíferos ha divergido para servir y adecuarse a las diferentes formas de vida de organismos diferentes.

En segundo lugar, existe la evidencia de los fósiles. Los estratos rocosos, que pueden fecharse mediante una variedad de técnicas físicas, revelan secuencias de organismos que cambian desde formas hoy desconocidas de las rocas antiguas hacia formas, en las rocas más recientes, que son cada vez más semejantes a criaturas que están vivas en la actualidad. El esquema de descendencia revelado por los fósiles es absolutamente coherente con el esquema de relación que indica la comparación fisiológica.

Y en tercer lugar, existe la evidencia que proporciona la biogeografía, las relaciones geográficas que existen entre organismos de diferentes clases. El ejemplo clásico en este punto es el de los pinzones de Darwin. Estos pequeños pájaros han sido ocasionalmente desviados por el viento desde la tierra firme del continente sudamericano hacia las islas Galápagos, y desde allí a otras islas. En ausencia de competidores autóctonos, estos pájaros han evolucionado rápidamente conformando una extraordinaria variedad de estilos de vida, situación que suele darse habitualmente en el caso de los grupos especializados dentro de entornos continentales mucho más competitivos. De este modo, existen especies estrechamente emparentadas de pinzones-pájaros carpinteros, pinzones insectívoros, pinzones cascanueces y así por el estilo. Sin duda, sería un misterio tratar de entender por qué Dios no le dio a esas islas pájaros carpinteros como la gente, pero el pensamiento evolutivo tiene preparada una explicación que justifica el descuido divino.

Estas diferentes clases de evidencias convergen, no sólo en el hecho de la evolución, sino también en las pautas más o menos detalladas de esa evolución. Siempre es posible hallar explicaciones alternativas de cualquier cosa. En el siglo XIX, el naturalista Philip Gosse, por ejemplo, hizo la famosa sugerencia de que Dios había creado la tierra completa, con capas de fósiles cuidadosamente dispuestos, tal vez para poner a prueba nuestra fe. Pero es claro que su argumentación es tan sólo un ingenioso intento de reconciliar estos fenómenos con creencias anteriores, y para nada se trata de una explicación conectada de manera convincente con la realidad empírica. El distinguido evolucionista Theodosius Dobzhansky hizo el comentario, muy difundido, de que en la biología nada tiene sentido salvo la teoría de la evolución. Aunque más tarde señalaré que en ciertos aspectos su comentario es una exageración importante, no resulta difícil advertir su fundamento. Tantas cosas cobran sentido cuando se las ve a la luz de la evolución que resulta inconcebible que, en un sentido amplio, la evolución no sea reconocida como un hecho.

El tema central de este libro es que, aunque este hecho general es de enorme importancia para nuestra comprensión del lugar que ocupamos en el mundo, suele exagerarse el grado de conocimiento detallado de la biología que el mismo nos proporciona. A riesgo de resultar pedante, quiero decir que la mayor importancia de la teoría de la evolución se encuentra en el campo metafísico: nos dice algo muy general sobre cómo es nuestro universo y sobre las clases de cosas que hay en él. Esta importancia depende tan sólo de las proposiciones generales que acabamos de esbozar. Ahora, no obstante, me dedicaré a las áreas más interesantes de la teoría evolutiva, en las que la controversia aún no se ha apaciguado.

LA SELECCIÓN NATURAL

Para los biólogos es común no referirse tan sólo a la teoría de la evolución, sino a la teoría de la evolución por selección natural. La importancia de la selección natural en el proceso de la evolución fue la gran contribución que Darwin aportó a la ciencia. Ahora existe amplio acuerdo en que la selección natural es, con mucho, el factor más importante para entender cómo se tornan posibles las modificaciones que ocurren en el transcurso de la evolución. La teoría se entiende de la mejor manera por medio de la idea de las variaciones en las aptitudes heredables. La aptitud es, por decirlo de manera llana, la disposición a producir prole que pueda sobrevivir. Si los organismos difieren en aspectos que dan origen a esta disposición –es decir, difieren en aptitud–, algunos dejarán más descendencia que otros. Si la aptitud es heredable, y los rasgos que determinan la diferencia de aptitud son transmitidos de padres a vástagos, los rasgos que revelan aptitud se tornarán más comunes. Por lo tanto, la evolución por selección natural producirá clases particulares de cambios en las poblaciones de organismos, cambios que tienden a un mayor predominio de los rasgos de mayor aptitud. Para explicarlo por medio de un ejemplo infantil, si las jirafas son más aptas con pescuezos largos, que les permiten alcanzar las hojas más altas y sobrevivir a períodos de escasez de alimentos, y si las jirafas de pescuezos largos tienen bebés jirafas de pescuezos más largos, entonces una población de jirafas evolucionará hasta tener pescuezos más largos.

El punto más importante es que, al avanzar del mero hecho de la evolución hacia la evolución por selección natural, pasamos del hecho a la verdadera teoría. Esto no implica, sin embargo, que no existe el hecho de la selección natural. Sí que existe. No se pone en duda seriamente que la selección natural ocurre, y se pone en duda con poca seriedad que esa selección natural reviste gran importancia para los procesos de la evolución. Pero entramos al reino de la teoría porque la selección natural es el objeto de una enorme cantidad de controversias científicas. En particular, se plantea la polémica con respecto al grado de importancia de la selección natural dentro del proceso evolutivo, y también existe controversia sobre cómo deberíamos entender ese mismo proceso. Deseo tratar ambos puntos por turno.

Darwin hizo más que nadie por establecer el hecho de la evolución porque, por medio de su énfasis sobre la selección natural, demostró que la evolución era posible. Muchos de los acontecimientos que convierten a la evolución en una irresistible explicación de la naturaleza de la diversidad biológica ya eran bien conocidos antes de Darwin, y varios pensadores habían defendido una versión de la teoría evolutiva. La gran dificultad planteada era que ninguno de ellos había logrado exponer, de modo convincente, una descripción de la manera en que podían producirse los cambios fisiológicos que la evolución implicaba. Y, más importante aún, no quedaba claro cómo era que las formas vivas habían llegado a un grado tan exquisito de adaptación a sus formas de vida. Las aletas de la ballena y las alas de los pájaros parecen maravillosamente adaptadas para nadar y para volar. Si deseamos argumentar que ambos evolucionaron a partir de algún antepasado común que tal vez no nadaba ni volaba, necesitamos una buena historia para dar cuenta de cómo se produjo esa adaptación, y eso es exactamente lo que proporcionó la selección natural. La constante variación producida entre los antepasados de los pájaros, y la selección de aquellos que, tal vez, tenían menos probabilidades de hacerse daño al caer de los árboles, podía conducir, después de millones de generaciones, a la existencia de criaturas con alas perfectas. La brillante elaboración de Darwin ha sido muy perfeccionada ulteriormente. La contribución más importante fue integrar la exposición de Darwin con el descubrimiento de Gregor Mendel de la herencia particular. Darwin había supuesto que la herencia involucraba una fusión equitativa de las características de ambos organismos progenitores. Sus críticos señalaron que esta idea conduciría rápidamente a la homogeneidad de una población, agotando de ese modo la variación sobre cuya base se suponía que actuaba la selección. El trabajo de Mendel, publicado por primera vez en 1865 pero ignorado hasta que fue retomado, de manera simultánea pero independientemente, por tres biólogos en 1900, demostraba que ese enfoque de la herencia era erróneo. La herencia de rasgos que Mendel investigó en los guisantes era una cuestión de todo o nada. Los factores responsables de la herencia de esos rasgos no eran, por lo tanto, obnubilados por la mezcla con otros factores, sino que podían establecerse en toda una población. Las investigaciones subsiguientes han desarrollado un conocimiento más profundo de la naturaleza y el origen de la variación genética y también del proceso de selección. El resultado, en nuestros días, es una teoría causal plenamente articulada. Y, más aun, la selección natural sigue siendo la teoría más poderosa –y, según muchos, la única– que ofrece una explicación de la adaptación de los organismos a su entorno.

CONTROVERSIAS

Hasta donde sé, ningún biólogo serio duda de la enorme importancia que reviste la selección natural dentro del proceso evolutivo. No obstante, existen grandes desacuerdos con respecto al grado en que la selección natural puede explicar completa y autónomamente el proceso evolutivo. El debate más acalorado se centra en el poder de la selección natural para producir resultados de adaptación óptima, ya que ese poder no es ilimitado. Podría ser mejor que los caracoles atravesaran el terreno siguiendo las huellas de las orugas, ahorrándose así el esfuerzo de dejar una senda de baba detrás de ellos cada vez que se desplazan. Pero es absolutamente improbable que exista un camino evolutivo accesible desde el lugar que ocupan actualmente los caracoles hasta el nuevo escenario imaginado. Es posible pensar este problema por medio de la metáfora de un paisaje adaptable. Pensemos en una clase particular de organismo que habita en la cumbre de una montaña, simbolizando una posición mejor adaptada que cualquier otra cercana. Aunque es posible que existan cumbres más altas, para alcanzarlas la evolución tendría que llevar a la población de estos organismos a través de los valles intermedios, algo que requeriría un desplazamiento a través de posiciones a las que los organismos están menos adaptadas. Como la selección natural sólo puede trasladar la población hacia arriba, hacia posiciones de mayor aptitud, el recorrido a través del valle, que requeriría menor aptitud, resulta inviable. Estas restricciones son ejemplos de temas más amplios, a los que se considera limitaciones de la evolución. Aunque esas limitaciones suelen clasificarse bajo diferentes rótulos (genéticas, del desarrollo, fisiológicas, y así sucesivamente), las más importantes son las históricas, una consecuencia del hecho absolutamente fundamental de que la evolución es un proceso histórico: el lugar al que uno puede ir depende más que nada del lugar en el que uno está, y de cómo llegó hasta allí.

Las dudas existentes respecto del poder que tiene la selección natural para superar esas limitaciones han inducido a algunos a buscar otros procesos, cuya importancia incluso pueda llegar a compararse con la de la selección natural, y que habría que tener en cuenta y reconocer para elaborar una exposición completa de la historia evolutiva. Un candidato interesante, propuesto por Stuart Kauffman, es la tendencia a autoorganizarse que manifiestan algunos sistemas complejos. Kauffman ha empleado métodos que incluyen elaboradas simulaciones computadas para sugerir que sistemas tales como los de las complejas sopas de sustancias químicas orgánicas tienden a producir espontáneamente estados estables que se asemejan, de manera notable, a la química de las células vivas. El autor no insinúa que ésta sea una alternativa a la selección natural, ya que los sistemas que podrían surgir de esos procesos sin duda serían filtrados por la selección natural, que dejaría en pie sólo a los más estables y capaces de reproducirse. Pero el planteo abre la posibilidad de que el orden biológico pueda explicarse, en parte, por medio de procesos muy diferentes de los de la selección natural. Otros biólogos, más optimistas respecto del poder de que dispone la selección natural para superar las limitaciones, afirman que la selección natural por sí sola está perfectamente capacitada para la tarea de explicar la historia evolutiva.

También proliferan importantes debates que se desarrollan íntegramente dentro del ámbito de la teoría de la selección natural. Tal vez el más intenso y duradero de esos debates sea el que se refiere a qué es exactamente aquello que selecciona la selección natural. Este punto alcanzó gran prominencia con el importantísimo y muy difundido libro de Richard Dawkins, *El gen egoísta*. En esa obra Dawkins, basándose en el fundamental trabajo anterior de G. C. Williams, argumentó que el objetivo de la selección no era el organismo sino el gen. La selección natural apuntaba a lograr el predominio de los genes más eficientes para reproducirse. El organismo, según este enfoque, sólo debía considerarse un vehículo construido por los genes con el objeto de proyectarse de manera más eficaz en la generación siguiente. En su mayor parte, la teoría era presentada como un ataque contra la alguna vez popular idea de selección grupal, es decir la idea de que ciertos rasgos de los organismos, particularmente aquellos que parecían beneficiar a la misma especie más que a los individuos, podrían haber surgido por medio de la selección entre grupos de organismos. En otras palabras, los grupos en los que los organismos se proporcionaban mutuos beneficios podrían haber sobrevivido mejor que los grupos compuestos solamente por individuos egoístas. Dawkins alegó que ese proceso jamás podría llegar a funcionar, ya que los grupos de individuos desinteresados y "altruistas" serían inevitablemente subvertidos por mutantes egoístas que aprovecharían los beneficios del altruismo de los otros sin pagar el precio de ser altruistas ellos mismos. Es curioso, sin embargo, que este ataque –sean cuales fueren sus méritos– no aclare en absoluto si el funcionamiento de la selección natural se desarrolla con mayor precisión al actuar sobre los genes o sobre los organismos en su totalidad. Las consecuencias negativas del enfoque de la evolución exclusivamente centrado en los genes será un tema importante de este libro.

La teoría de Dawkins ha ejercido una enorme influencia, particularmente sobre los biosociólogos y los psicólogos evolutivos, cuyo trabajo será el tema del próximo capítulo. Aunque la selección de grupo se convirtió en un concepto pasado de moda durante un tiempo, la teoría de Dawkins no clausuró en absoluto el debate. Un número importante de biólogos y filósofos han argumentado que la selección de genes no basta para representar plenamente la complejidad del proceso evolutivo. El argumento que proponen es que la selección se produce de manera simultánea a muchos niveles, incluyendo al menos el gen y el individuo, y muy posiblemente también el grupo y hasta la especie.

La selección a muchos niveles constituye tal vez la visión ortodoxa actual de los filósofos de la biología. Sin embargo, existe un movimiento más radical que está ganando adherentes con gran rapidez. Este movimiento considera que la evolución es un proceso continuo y no cree que sea posible analizarlo exitosamente si se aísla un conjunto privilegiado de los objetos involucrados en cierta y determinada etapa del proceso. La versión más influyente de esta perspectiva es la teoría sistémica del desarrollo (TSD). Entre otras cosas, esta teoría funciona como una poderosa crítica al seleccionismo génico de Dawkins o, de manera más general, de las teorías centradas en el gen. Los partidarios de la teoría sistémica del desarrollo afirman que los genes no son tan especiales ni únicos como suelen sostener tanto la opinión profesional como la popular. Por ejemplo, se dice con frecuencia que los genes son portadores de información acerca del organismo que ellos mismos ayudan a construir. En un sentido más profético, escuchamos a menudo la afirmación de que los genes de un organismo proporcionan un plano o mapa de todo el organismo. Esa clase de declaraciones eran frecuentemente enunciadas por los defensores del proyecto del genoma humano. Pero esa clase de discurso induce al error. Tal como lo explicita la metáfora del mapa o plano, la información casi siempre conlleva connotaciones semánticas. Y, por supuesto, el ADN no tiene nada de semántico.

Existe un significado técnico del término "información" que expresa solamente que el estado de una cosa (el portador de información) proporciona predicciones más o menos confiables acerca del estado de otra cosa (ésa acerca de la cual la primera da información). Por ejemplo, los genes que aumentan, aun levemente, mi disposición al cáncer portan información acerca de mi posible enfermedad futura. Pero si eso es todo a lo que se refiere la información genética, podríamos hablar igualmente de la información que portan una gran cantidad de rasgos estructurales y químicos de la célula, e incluso de las características del entorno en el que el organismo se desarrolla. Así, para dar un ejemplo, el clima soleado porta información sobre el brillante color rojo que cabe esperar tendrán mis tomates maduros. Desde esta perspectiva, los genes son simplemente uno –y sin duda, uno muy interesante– de los recursos de los que necesita el organismo para lograr su desarrollo adecuado. La teoría sistémica del desarrollo propone como unidad de selección el ciclo completo del desarrollo. Las secuencias sucesivas de ciclos de desarrollo prosperan y divergen. Otras, no tan bien adaptadas a las condiciones, se extinguen. Para lograr una buena adaptación es esencial la capacidad de reunirse y desplegar todo el conjunto de recursos necesarios para producir la generación siguiente o, para decirlo con mayor precisión, la siguiente repetición del ciclo.

El aspecto más importante de esta perspectiva es que elimina el divorcio entre la evolución, por un lado, y el desarrollo por el otro. Con frecuencia se ha señalado el fracaso que implica no integrar estos aspectos del pensamiento biológico. Y el gen, falsamente semejante a Jano, con sus dos caras –al mismo tiempo la unidad de selección y la causa fundamental del desarrollo–, ha servido para ocultar esta división. En el esquema propuesto por Richard Dawkins, la selección natural elige un conjunto de genes en cada generación, y esos genes determinan el siguiente conjunto de fenotipos que a su turno son sometidos otra vez a selección. Este esquema permite que el desarrollo sea tratado como una "caja negra", cuyos detalles carecen de importancia. Los genes pueden ocuparse de eso una vez que terminen con el importantísimo asunto de ser seleccionados. Si realmente los genes proporcionaran mapas o recetas para la producción de organismos, esta caja negra podría ser aceptable. Pero de hecho no hacen nada semejante. Tal como acabamos de señalar, la información requerida para construir un organismo está distribuida en muchos niveles de organización biológica y externa. Los genes sólo son seleccionados en la medida en que participan en ciclos de desarrollo completos y exitosos.

Otro intenso debate ha sido el referido al ritmo de la evolución. Desde Darwin, ha existido gran preocupación por los intervalos y brechas que puntúan los registros de los fósiles. Gran parte de estos registros consignan largos períodos durante los cuales se hallan formas bastante constantes, seguidos por súbitas rupturas, tras las que se encuentran formas sustancialmente diferentes. Durante muchos años se supuso que este esquema anómalo era solamente un reflejo de los procesos inestables mediante los cuales se producían los fósiles. Pero hace unos años, los distinguidos biólogos Stephen Jay Gould y Niles Eldredge alegaron que esta pauta en realidad representaba muy fielmente la historia de la vida. Afirmaron que los cambios evolutivos sólo ocurrían en breves y rápidas eclosiones, puntuadas por largos períodos de estasis. Este enfoque se hizo conocido bajo la denominación de teoría del equilibrio puntuado. Otros biólogos siguen insistiendo en que la evolución es típicamente gradual y continua, y consideran que la estructura del registro de fósiles es tan sólo un reflejo de la inestabilidad de los procesos constitutivos.

Ocasionalmente, este último debate ha sido usado por los enemigos de la evolución como prueba de que la evolución misma, sus postulados esenciales, sigue siendo una tesis controvertida. La realidad, no obstante, es que se trata de una controversia que se desarrolla por completo dentro del contexto más amplio del enfoque evolutivo. De hecho, lo mismo puede decirse de todos los puntos que he tratado sumariamente aquí. En este capítulo, mi objetivo ha sido demostrar que estos debates encajan fluidamente dentro de las afirmaciones esenciales de la teoría evolutiva, y que por cierto no implican ninguna amenaza para sus postulados centrales. La afirmación de que las formas vivas existentes derivan de formas anteriores, con frecuencia más simples, y de que todas las formas vivas están emparentadas por ascendencia, es un hecho tan establecido como puede serlo cualquier otro hecho científico. Pero estas ideas no forman parte de un dogma congelado. Constituyen el centro de un vigoroso programa de investigación científica en el que una enorme cantidad de temas se encuentran sometidos a un intenso debate, y a los que por cierto se les sumarán nuevos temas en el futuro. De modo que, para resumir lo dicho hasta el momento, hay un núcleo de la teoría de la evolución que es en realidad un hecho simple, pero la biología evolutiva es un campo de batalla donde se enfrentan muchas facciones teóricas. En medio de los hechos incontrovertibles de la descendencia y el parentesco, y de las controversias acerca del ritmo de la evolución o de las unidades de la selección, hay ideas centrales –de las cuales la selección natural es la más relevante– cuya importancia es indudable, a pesar de que, una vez más, sus detalles son tema de constante debate.

3
¿Para qué sirve la teoría de la evolución?

LOS FRUTOS DE LA CIENCIA

El principal propósito de este libro, tal como lo señalamos al principio, no es cuestionar el valor de la teoría de la evolución, sino más bien plantear una pregunta: ¿qué hace por nosotros este constructo científico ejemplar? ¿Por qué debería importarnos? En este capítulo, mi tesis es que aunque la teoría evolutiva nos proporciona conocimientos sin precedentes de la crónica más abarcativa de la historia de la vida, y nos permite entender de qué modo encajan entre sí muchos conjuntos dispares de hechos, suele exagerarse enormemente su capacidad de proporcionarnos explicaciones detalladas de ciertos fenómenos específicos. La evolución nos revela muchas cosas acerca del lugar que ocupamos en el universo, pero no nos suministra tantos pormenores como suele suponerse acerca de la clase de seres que somos. Para entender los límites, e incluso el fracaso, de tanta mitología contemporánea de moda, es necesario tener una idea de cómo funcionan realmente las explicaciones evolutivas.

Podemos iniciar una exploración del valor del pensamiento evolutivo preguntándonos qué beneficios esperamos obtener normalmente de los productos de cualquier actividad científica. A continuación, un paso natural es diferenciar dos clases de beneficio: el beneficio práctico y el beneficio intelectual. En el terreno de lo práctico, se me ocurre consignar dos cosas que suelen considerarse características esenciales que definen la excelencia de la ciencia: la predicción y el control. La ciencia médica, por ejemplo, apunta a predecir los resultados de diversas intervenciones fisiológicas y daños del cuerpo, y procura usar esta capacidad de predicción para mantener el organismo tan cerca como sea posible de los estados de salud deseados. La evolución, por contraste, puede considerarse un cuerpo científico que reditúa beneficios completamente intelectuales. Han existido corrientes de pensamiento eugenésico que han basado sus recomendaciones en especulaciones sobre el futuro de la evolución humana, pero esas tendencias han sido ampliamente desacreditadas. La razón por la cual la evolución no es una ciencia práctica es suficientemente obvia: casi todas sus afirmaciones y presupuestos están relacionados con períodos de tiempo mucho más extensos que aquellos que podrían tener relevancia directa para la vida humana. De manera semejante, la astronomía tampoco es demasiado aplicable, porque las dimensiones espaciales de su objeto de estudio se encuentran fuera del ámbito práctico de los humanos. Es cierto que hay procesos evolutivos que ocurren con mucha mayor rapidez, especialmente en el caso de los microorganismos. Este hecho reviste gran importancia dentro del campo de la ciencia médica, ya que en él se basa la desalentadora capacidad que poseen los organismos patológicos de volverse inmunes a la acción de las drogas. Sin embargo, a pesar de la indudable importancia de este problema, el impulso central de la investigación evolutiva está orientado al largo plazo, y, por lo tanto, se desarrolla en una escala temporal que trasciende nuestra posibilidad de producir una intervención eficaz.

EXPLICACIÓN

Cuando se consideran los beneficios intelectuales que derivan de la teoría evolutiva, dos ideas importantes que aparecen de manera prominente en los debates de la ciencia son la explicación y la comprensión. Estas dos ideas están estrechamente relacionadas. Explicar algo es comprender por qué, o al menos parcialmente por qué, eso ocurrió. Sin embargo, estos dos conceptos han tendido a ser separados por la filosofía de la ciencia, porque la explicación científica ha sido estrechamente asociada con un modelo específico, el de la inclusión dentro de las leyes universales. Siguiendo ese modelo, explicamos un acontecimiento cuando podemos especificar leyes naturales y condiciones particulares cuya coincidencia determina que ese acontecimiento se produzca. Por ejemplo, la ley de gravedad, junto con los hechos de que mi lapicera es un objeto más pesado que el aire y que ha sido soltado en la proximidad de la superficie de la Tierra, que es un objeto enorme, conllevan el hecho de que la lapicera podría caer al suelo. Ese razonamiento se sostiene para explicar el hecho de que mi lapicera cae al suelo. Históricamente, esta tradición de la teoría de la explicación está estrechamente relacionada con el rechazo de la posibilidad de lograr un conocimiento más profundo de los procesos naturales que el mero descubrimiento de aquello que se produce con regularidad. Por ejemplo, se ha supuesto que la teoría de la gravedad no puede hacer más que resumir nuestra amplia experiencia de la caída de los objetos, y no puede proporcionarnos explicaciones de por qué las regularidades naturales son tal como son. Así, explicar un fenómeno implica demostrar que se trata de una instancia de una clase de secuencia que, según se ha observado, ocurre universalmente. Es bien conocido que David Hume postuló argumentaciones de gran influencia para sostener que no podía haber explicaciones más profundas de por qué la naturaleza se caracterizaba por ciertos procesos regulares. Y se ha vuelto común la protesta de que, desde esa perspectiva, la explicación científica no proporciona demasiada comprensión de los fenómenos.

Recientemente, esa perspectiva de la explicación ha sido sometida a grandes críticas. Para nuestro actual propósito, todo lo que hace falta tener en cuenta es que aunque sea un buen modelo para algunas clases de explicaciones científicas, no es el adecuado para todas. Y un área en la que casi con seguridad no resulta útil es la de la explicación evolutiva. De hecho, incluso es poco probable que puedan formularse leyes evolutivas.Recordemos el caso de las jirafas. Sin duda, no hay una ley que establezca que una población de animales que se alimentan de los árboles desarrolló pescuezos más largos. Ser más alto tiene costos estructurales y es muy probable que sea físicamente imposible adquirir un cuello suficientemente largo como para poder pastar en el dosel del bosque. También pueden existir límites para la altura posible dentro de la coherencia con el plan del cuerpo de los mamíferos: y ése es un ejemplo de la clase de restricciones que impone la selección. El equilibrio exacto entre costos y beneficios dependerá de las especies de árboles que haya, de la medida en que esas especies abunden, de los competidores que se alimenten paciendo en distintas partes de esos árboles, y así sucesivamente. Y no hay garantías de que una población pueda producir la mutación adecuada para generar un cambio que implique mayor adecuación, o incluso de que existan mutaciones de esa naturaleza.

Y la evolución posee además un irreductible elemento de azar. Tal vez todas las jirafas, salvo unas pocas afortunadas que son, por casualidad, demasiado bajas, resultan aniquiladas por una fenomenal tormenta, por ejemplo. La moral general es que la historia evolutiva, al igual que la historia humana, aunque pueda resultar a veces muy inteligible, también está atravesada completamente por la contingencia. Por lo tanto, es absolutamente improbable que la evolución del pescuezo de la jirafa ejemplifique alguna generalización universal sobre la trayectoria de las poblaciones de animales que se alimentan de las hojas de los árboles. La cantidad de información que sería necesario reunir para inferir de manera confiable que las jirafas deben haber desarrollado largos pescuezos, y que cualquier población de animales similar en aspectos relevantes estaba destinada a desarrollar soportes análogamente largos para sus cabezas, sería tan enorme que, en realidad, limitaría la aplicación de la explicación al caso particular de estudio, eliminando de ese modo cualquier relevancia o evidencia de una posible generalización incluyente.

A pesar de no satisfacer las rigurosas exigencias de la teoría deductiva, puede considerarse que las explicaciones evolutivas ofrecen una comprensión mayor que la que suelen proporcionar normalmente las deducciones inferidas de una ley. Esto se debe a que la explicación evolutiva parece proporcionar al menos una respuesta a la pregunta de para qué sirve cierta característica de un organismo. Si la historia infantil acerca de la evolución de la jirafa es verdadera, resulta tentador decir que el largo cuello de la jirafa sirve para alcanzar las ramas más altas de los árboles. Entre los filósofos de la biología se ha vuelto parte de la ortodoxia proponer que eso es exactamente lo que significa decir que un rasgo de un organismo tiene una función particular: el motivo de la existencia de ese rasgo es que proporcionó mayor aptitud a organismos ancestrales, y que por lo tanto esos organismos fueron seleccionados. La función del ojo es ver si, y sólo si, las criaturas tienen ojos porque sus ancestros que podían ver mejor fueron seleccionados antes que otros que no veían tan bien. Se trata de un buen caso para ejemplificar este punto, ya que es indisputable que ver es la función de un ojo, y por las mismas razones intuitivas es indisputable que la selección de la mayor aptitud para ver debe ser esencial para explicar que los organismos llegaran a tener ojos.

LA COMPLEJIDAD DE LA EVOLUCIÓN

Sin embargo, creo que la asociación de función e historia evolutiva que acabo de describir es equivocada. Y lo creo porque, en el fondo, soy escéptico respecto de la capacidad que las consideraciones evolutivas puedan tener para proporcionar la clase de explicaciones que acabamos de esbozar, explicaciones de la presencia de rasgos particulares de clases particulares de organismos: el hecho de que las jirafas tengan largos cuellos o que los pavos reales tengan colas coloridas. Ahora bien, por supuesto que en esos casos se nos proporciona una mayor comprensión si se nos advierte que los pescuezos largos permitieron que las jirafas ancestrales alcanzaran hojas más altas de los árboles, o que los pavos reales con colas más espléndidas atraían el interés de las pavas ancestrales. Mi intención no es en absoluto cuestionar la importancia de los procesos de selección natural o de selección sexual. Lo que pretendo sugerir, no obstante, es que no es para nada fácil hacer que estos casos encajen dentro de cualquier modelo usual de explicación.

Entonces, ¿qué es lo equivocado de estas familiares explicaciones de cuellos y colas? La respuesta más rápida es precisamente la complejidad del proceso evolutivo, pero en nuestros días es demasiado sencillo y demasiado común señalar de manera vaga la responsabilidad de la complejidad, y por cierto que es necesario especificar mejor el problema. Podemos comenzar a apreciarlo mejor si nos concentramos claramente en lo que aceptamos que está en el mundo y que corresponde a las historias que contamos sobre la selección natural. Se trata, en el fondo, solamente de una secuencia de organismos que nacen, crecen, se reproducen (o no) y mueren. Estos acontecimientos destacados tienen causa, y suponemos que cuando distinguimos rasgos que creemos fueron seleccionados estamos identificando los factores que han tendido a originar la reproducción, impedir la muerte y demás. ¿Pero es eso suficiente para justificar y dar sentido a la separación de la selección de la cola del pavo real de la selección de pavos reales, o el cuello de la jirafa de la selección de jirafas? Mi opinión es que sólo ofrece un sentido variable y limitado. Para entenderlo, podemos plantearnos primero la pregunta de dónde se encuentra para nosotros el principio de esos procesos subordinados, y luego cómo es que los consideramos aparte de todo lo demás que está ocurriendo simultáneamente.

La primera dificultad puede abordarse por medio de una distinción técnica que se establece en ciertas oportunidades entre adaptación y "exaptación". Para decirlo de la manera más sencilla, esta distinción se basa en la idea de que habitualmente los rasgos de los organismos se desarrollaron porque servían para alguna función que, según se considera actualmente, esos mismos rasgos promueven. A ese proceso se lo denomina adaptación. Sin embargo, a veces el organismo adjudica a ese rasgo un uso diferente del uso que explicaba su selección, y ese proceso ha llegado a ser conocido como un caso de exaptación. Un ejemplo clásico es la evolución de los pulmones a partir de la vejiga natatoria. Se presume naturalmente que los pulmones de los mamíferos se desarrollaron gradualmente a partir de los órganos que los peces ancestrales empleaban para mantenerse a flote; por lo tanto, los pulmones de los mamíferos son exaptaciones. Pero en realidad la exaptación no es tan sólo una anomalía que ocasionalmente desvía los intentos de una explicación adaptacionista, sino que se trata de un rasgo de cualquier explicación evolutiva interesante. Los organismos evolucionan dentro de un espectro de trayectorias posibles que, desde el punto de vista del espacio completo de la posibilidad biológica, es muy estrecho.

Los recursos con los que deben trabajar son así debido a los procesos evolutivos previos, y para desarrollar un órgano destinado a hacer X uno tiene que empezar casi siempre con un órgano o estructura que se desarrolló para hacer Y. La jirafa y el pavo real, para continuar con nuestros ejemplos de siempre, ya tenían pescuezo y cola cuando empezaron a comer las hojas altas del follaje de los árboles o cuando las pavas empezaron a interesarse por las colas de plumaje más colorido. Y es de presumir que estos pescuezos y colas ya tenían sus propias historias selectivas. Muchos de los estupendos ensayos de historia natural de Stephen Jay Gould ilustran este aspecto de la evolución. Un ejemplo que Gould ha hecho famoso es el del pulgar de los pandas, improvisado, *faute de mieux*, a partir de pedazos bastante inadecuados del hueso de la muñeca.

El segundo punto, más obvio, es que sólo en los casos más simples la historia evolutiva relevante es tan sólo una cuestión de selección sobre la base de alguna particular consecuencia adaptativa de algún rasgo particular. Los organismos son sistemas altamente integrados, y los cambios de un rasgo causan cambios correlativos en otros rasgos, y éstos ejercerán por cierto efectos positivos y negativos en lo referido a la aptitud. Hasta el rasgo que concita la mayor atención y exige concentración ejercerá usualmente muchos efectos en lo que se refiere a la aptitud. Obviamente, un ala es para volar, pero también puede servir para ahuyentar a los depredadores, dar cobijo a la prole o para engancharse en las zarzas. Y el pescuezo de la jirafa, además de estar destinado a una función básica como la de unir la cabeza con el torso, es sin duda una desventaja estructural.

En suma, entonces, si tratamos de imaginar el verdadero proceso causal de la evolución de, digamos, el cuello de la jirafa, todo aquello con lo que contamos es una larga secuencia de poblaciones de animales y una tendencia secular hacia el cuello largo. Tanto el cuello actual como sus precursores fisiológicos deben haber servido para hacer muchas cosas, algunas buenas y otras no tan buenas, por sus orgullosos propietarios. La selección por la longitud del cuello no es un postulado que pueda deducirse directamente a partir de este estado de cosas. Una actitud obvia en este punto es la posibilidad de recurrir a un enfoque mucho más débil de la explicación. Supongamos que, en igualdad de condiciones en otros aspectos, el hecho de tener un cuello más largo dio casi siempre a las jirafas ancestrales una probabilidad más elevada de sobrevivir y de reproducirse. Así habremos identificado un factor que elevó la probabilidad de ocurrencia del efecto que estamos considerando. Muchos filósofos actuales consideran que para que un factor explique un efecto particular basta con que la presencia de ese factor haga más probable la existencia del efecto en cuestión.

La idea que acabamos de exponer presenta una dificultad que aparece habitualmente en todas las discusiones acerca de la evolución, y es la amenaza de vacuidad. El fenómeno que originalmente deseábamos explicar era el de una tendencia histórica hacia una mayor longitud de cuello. Por consiguiente, sabemos desde el principio que los animales de cuello más largo tendieron a sobrevivir y a reproducirse de manera más exitosa que sus congéneres de pescuezo más corto. ¿Agregamos entonces algo significativo a esta historia cuando afirmamos que deben haber tenido mayor propensión a la supervivencia y a reproducirse? La respuesta, se me ocurre, es que hemos ganado mayor comprensión en la medida en que entendemos por qué los poseedores de ese rasgo de interés demostraron ser más aptos. Y los problemas ya descriptos, de exaptación y de efectos múltiples e interconectados, sugieren que habitualmente sólo estaremos en condiciones de proponer unas pocas explicaciones tentativas al respecto que ofrecen, por cierto, poco más que un fragmento de verdad.

Tal vez este caso no sea el adecuado. Sería difícil establecer que las ventajas en aptitud de los cuellos más largos fueron invariablemente una consecuencia del acceso a las hojas más altas del follaje y eliminar una multitud de otras ventajas posibles o incluso la posibilidad de una respuesta puramente alométrica a cualquier otro factor. (La "alometría" se refiere a las correlaciones del desarrollo que requieren que ante el cambio de un rasgo, otros rasgos pueden cambiar también, exclusivamente como medio de adaptarse al primer cambio. Por ejemplo, los animales más grandes tienen cerebros más grandes.) Pero, pasando a otro caso clásico, no hay duda de que el ojo está destinado a ver. El plan de desarrollo del ojo sólo podría haberse producido, suponemos, si los organismos con ojos de mejor funcionamiento hubieran dado prueba de ser más aptos que aquéllos con menor precisión visual. Y seguramente esta inferencia es correcta.

Lo que pretendo dejar claro es que hemos vuelto a un punto muy próximo al del compromiso metafísico general que expusimos en el capítulo anterior. Tenemos una explicación general de la posibilidad de adaptación, o de propósito, en la teoría de la selección natural. Confiamos en que un rasgo biológico tan claramente adaptado como el ojo de los mamíferos seguramente debe su existencia a la selección natural, y por lo tanto creemos que una genealogía completa de, digamos, los vertebrados, revelará la tendencia hacia sistemas de percepción visual más complejos y eficientes. Y suponemos que la ventaja de poseer ojos más eficientes ejerció alguna influencia positiva sobre su capacidad de supervivencia. Y tal vez eso alcance para darle a nuestra suposición carácter de explicación, aunque no sea excepcionalmente esclarecedora.

Vale la pena mencionar que muchos filósofos, y más particularmente los filósofos dedicados a la biología, han abandonado por completo la concepción de la ciencia considerada como una búsqueda de generalizaciones universales o leyes, y que se han concentrado, en cambio, en la producción de modelos. En general, se considera que los modelos científicos proporcionan tan sólo una perspectiva de los fenómenos sometidos a estudio, o un solo aspecto de lo que en realidad está ocurriendo. De este modo, es posible concebir un modelo según el cual una población de organismos difiere solamente en cuanto a su agudeza visual, y considerar la trayectoria evolutiva de dicha población. Pero, por supuesto, ninguna población real es tan homogénea, de manera que resulta obvio que la relación entre ese modelo y la realidad es muy tenue, y sin duda ningún modelo único puede reclamar para sí la condición de representación canónica de una población real. No obstante, es posible considerar que los buenos modelos proporcionan un conocimiento significativo, aunque parcial, de los procesos complejos.

LOS LÍMITES DE LA EXPLICACIÓN EVOLUTIVA

Supongamos ahora que hemos llegado a una concepción, modesta pero no enteramente vacua, de la explicación evolutiva. Si estamos suficientemente seguros de que un rasgo proporciona una base de cierta ventaja de aptitud como para no dudar de que esa ventaja desempeñara un papel importante en el origen del rasgo en cuestión, entonces la identificación de esas ventajas nos proporciona cierta clase de explicación evolutiva de la presencia de ese rasgo. Tengo dos comentarios, modestamente irónicos, para hacer respecto de esas explicaciones. Mi escepticismo no pretende socavar la legitimidad de esas explicaciones, sino más bien demostrar que, para que funcionen, requieren circunstancias bastante especiales. La conclusión más importante es que no debemos suponer que cualquier rasgo de un organismo que atraiga nuestra atención es el objeto apropiado de una explicación evolutiva. Esta cautelosa actitud preliminar es esencial para advertir cuán endebles son los presupuestos subyacentes de gran parte de las especulaciones contemporáneas acerca de la evolución humana.

Mi primer comentario escéptico es que la posibilidad de proporcionar incluso un esbozo de explicación general se limita a aquellos casos en los que la función del rasgo en cuestión está más allá de cualquier duda atendible. Esta condición se da en el caso del ojo, me parece, pero probablemente no en el caso del cuello de la jirafa. El cuello es un componente bastante básico de un vertebrado, y se usa para muchas cosas. Es probable, por ejemplo, que las ventajas inherentes a alcanzar las hojas más altas deben ser equilibradas en ciertas oportunidades por las desventajas en el momento de intentar alimentarse de la vegetación a nivel del suelo, por no mencionar la molestia general que implica transportar ese largo cuello todo el tiempo. Y seguramente existe todo un conjunto de consecuencias alométricas del alargamiento del cuello. ¿Esto significa entonces que no hay explicación para el cuello de la jirafa? Sugiero que es probable que esa explicación sólo pueda ser el resultado de una historia completa del linaje, con sus variadas circunstancias ecológicas y climáticas, por no hablar de las casualidades lisas y llanas. En tanto el ojo tiene una función inconfundible, el cuello tiene muchas funciones y es interdependiente, en el plano estructural, con muchas otras partes del organismo. No hay una sola y simple historia selectiva que se pueda contar al respecto. Y deberíamos reconocer que muchas partes del organismo se encuentran en la misma situación.

Todo esto nos sugiere un camino más simple para llegar al mismo punto. He hablado bastante sobre la explicación de las características de los organismos.

Los evolucionistas con frecuencia se refieren a esas características como rasgos. Pero no hay ninguna manera naturalmente determinada de dividir a un organismo en características o rasgos. (Compárese con la pregunta de cuántas cosas hay en una habitación. ¿Una mesa? ¿Un tablero y cuatro patas de mesa? ¿Eso es una cosa, cinco, o seis?) Hay muchas razones por las que podemos interesarnos por los aspectos particulares de los organismos y preguntarnos por sus orígenes evolutivos. Pero la evolución no ve los rasgos, sino que ve solamente el organismo. No debería sorprendernos, entonces, que no exista ninguna historia correcta que relate de qué modo la evolución seleccionó ese rasgo. Para anticipar un capítulo posterior, diremos que la división de la conducta humana en rasgos diferenciados parece ser aun menos promisoria que la similar atomización de un organismo.

Me he concentrado en una dirección particular en la que podríamos buscar los beneficios explicativos a partir de la teoría evolutiva, el proyecto de explicar la presencia de las características particulares de clases particulares de organismos. Me he concentrado en este tema porque es el área en la que los frutos de la teoría evolutiva han sido más polémicos, y también porque ésta es la manera de plantear la escena de importantes argumentaciones acerca de la evolución y la naturaleza humana que aparecerán en un capítulo posterior. Para evitar graves malentendidos, debo reiterar que hay otras cosas que la evolución puede explicar de manera mucho menos polémica. Me refiero concretamente a las evidencias, resumidas en el capítulo anterior, que prueban la verdad de la evolución, los hechos que articulan los detalles de la tesis central de la teoría de la evolución. Se trata de los hechos de la morfología comparativa, de la distribución geográfica de formas similares y de las posiciones de los objetos en el registro de fósiles. La "consiliencia" [*consilience*] de estas explicaciones –su coexplicación por medio del mismo conjunto de ideas, en última instancia muy simple– da fundamento a la defensa de la verdad de la evolución pero, al mismo tiempo, proporciona campos de fenómenos explicados por la misma teoría. La diversidad de estos campos invalida la objeción de que esta coincidencia topológica de evidencia y teoría plantea un círculo vicioso. Una exploración más detallada de esos campos fenoménicos permite una mayor articulación de la teoría y también de los hechos de la historia evolutiva. Uno de los proyectos de los estudios evolutivos es la producción de conocimientos cada vez más precisos de la secuencia de formas vivas que constituye la genealogía de la vida terrestre. Ese estudio implica una mayor acumulación de la clase de evidencia que explica la teoría, y facilita el conocimiento de las condiciones particulares dentro de las cuales la teoría ha operado. Esas investigaciones en curso continuamente mejoran la coordinación entre la teoría y las evidencias. Mi escepticismo respecto de aplicaciones particulares de la teoría evolutiva no amenaza de ninguna manera el respaldo de las evidencias ni la respetabilidad científica de la teoría en sí misma.

En el capítulo siguiente me alejo de la interpretación estrictamente científica de la evolución y sus consecuencias para dedicarme a lo que podríamos denominar sus implicaciones metafísicas, el efecto que ha ejercido el establecimiento de la evolución como un hecho sobre nuestra visión general del mundo y del lugar que ocupamos en él. Contrariamente a la línea de argumentación que ha sido muy difundida recientemente, especialmente en los Estados Unidos, considero que este aspecto tal vez ha sido el más significativo de toda la obra de Darwin.

4

Los orígenes humanos y la declinación del teísmo

EL NATURALISMO

Las proposiciones esenciales de la teoría evolutiva no son demasiado cuestionadas ni debatidas. Tienen también profundas implicaciones para nuestra comprensión del lugar que ocupamos en el mundo. En este capítulo argumentaré que la teoría de Darwin proporciona la última pieza importante de la articulación de una visión de mundo plenamente naturalista y que por lo tanto, si se la aprecia en todo su valor, asesta un golpe mortal a las cosmologías teocéntricas precientíficas. Es un lugar común afirmar que el desarrollo de la ciencia durante los últimos siglos ha socavado los fundamentos de las creencias religiosas, y que Darwin contribuyó de manera significativa a ese proceso. Como todos los lugares comunes, es una afirmación simplista. La relación que el propio Darwin tenía con las creencias religiosas es muy compleja, y casi con seguridad entre sus objetivos no se contaba el de derrumbar la cristiandad. Sin embargo, mis intereses no son históricos sino filosóficos, y deseo afirmar que cualesquiera hayan sido los propósitos de Darwin, y sea lo que fuere que sus contemporáneos hayan hecho con sus ideas, el desarrollo de la teoría evolutiva que él inició y difundió ha asestado una herida fatal a las pretensiones de la religión.

He descrito mi propia perspectiva como "naturalista", y debo explicar qué quiero decir con ese calificativo un tanto resbaladizo. Esta palabra tiene muchos usos dentro de la filosofía, y algunos de ellos son bastante polémicos. En este caso, lo empleo en un sentido relativamente simple, algo que tal vez podría describirse de manera más precisa pero poco elegante como anti-sobrenatural. Tal como este término intenta sugerir, mi naturalismo se resiste a aceptar la existencia de espíritus, almas y, de especial importancia en este caso, dioses. Esta posición puede parecer intolerante o arrogante: seguramente no conocemos todo lo que existe y bien puede resultar que existan cosas muy diferentes de las que actualmente aceptan las respetables academias científicas. Acepto sin amarguras ese hecho. Pero mi objeción a las almas, las deidades y cosas semejantes no se basa en un mero prejuicio. Se basa más bien sobre un principio, el principio de que nuestra creencia en la existencia de algo debería estar fundamentada, en última instancia, por la experiencia. Éste es el principio del empirismo, que ha sido tan esencial para gran parte de la filosofía occidental durante varios siglos, o tal vez milenios. El principio debe interpretarse de manera amplia: la experiencia en la que basamos, por ejemplo, nuestra creencia en la existencia de los electrones es compleja y no se relaciona de manera simple con la presencia de los electrones. Algo semejante ocurre en el caso de los agujeros negros. No obstante, existen evidencias relevantes y hay argumentaciones que relacionan esa evidencia con las conclusiones que esas evidencias demuestran.

Evitaré aquí ciertos temas filosóficos. Sin duda, en cierto sentido siempre se puede sostener que existen cantidades, e incluso secuencias enteras, de objetos abstractos. Los filósofos debaten sobre la existencia de sus propias entidades teóricas esotéricas, tales como los universales, curiosas entidades destinadas a explicar la manera en que cosas diferentes pueden llegar a compartir las mismas propiedades. Pero nadie piensa que esas cosas existen en el tiempo y en el espacio de la manera en que existen las entidades más mundanas y concretas. Y es en ese sentido, como parte del "mobiliario del mundo", que deseo considerar la existencia de espíritus, almas y entidades semejantes. Se suele decir que Dios está fuera del tiempo. No pretendo entender qué quiere decir eso, pero supongo que, en todo caso, se considera que ocasionalmente interviene en el espacio y en el tiempo –creando el universo, por ejemplo, o enviando a su hijo (o viniendo él mismo) al mundo para redimir nuestros pecados–. Y eso es suficiente para mí. Una entidad que interviene en el espacio y en el tiempo puede, durante esa intervención, proporcionar pruebas empíricas de su existencia. Si no lo hace, sigo sin convencerme de su existencia. Por supuesto, en los momentos en que, según se dice, Dios pasó cierto tiempo en la Tierra, fue perfecta y empíricamente accesible. El problema es que en esas ocasiones era, en todos los sentidos, un hombre. La sugerencia de que era también una deidad no era tan susceptible de ser probada empíricamente, y por lo tanto la afirmación de que las deidades existen sigue siendo vacía ya que carece de evidencias.

ARGUMENTOS DEL TEÍSMO

No me propongo decir mucho más sobre el fundamento de mi compromiso con el naturalismo (o en todo caso, sobre mi anti-sobrenaturalismo). Pero sí diré algo acerca de su aplicación en el caso particular del teísmo. Hay una venerable tradición de argumentaciones en favor de la existencia de Dios que pretende ser *a priori*, es decir independiente, de la manera en que las cosas del mundo aparecen ante nuestros sentidos. La más famosa de esas argumentaciones, conocida como el argumento ontológico, intenta demostrar que el concepto de Dios es tal que necesariamente debe haber algo a lo cual se aplique. Expresado de manera muy simple, este argumento empieza con la premisa de que Dios es, por definición, perfecto. Como las cosas que no existen son menos perfectas que las que existen, para ser perfecto Dios debe existir. Por lo tanto Dios, por definición, existe. Me alegra decir que en nuestros días este argumento no suscita demasiada convicción, y es bastante incómodo intentar convencer a los estudiantes de filosofía de primer año de que lo tomen con suficiente seriedad como para identificar exactamente en qué punto es erróneo.

Cualquier argumentación semejante queda descartada por otra tradición filosófica muy diferente, de la que el gran filósofo escocés David Hume fue tal vez el portavoz más influyente: la tradición empirista, que niega que se pueda adquirir algún conocimiento sustancial del mundo por fuera de la experiencia. Como la existencia de Dios sería un hecho sustancial, esas tradiciones se contradicen entre sí. La combinación de empirismo y naturalismo que respaldo se halla dentro de la tradición de Hume. Sin embargo, más allá de esa contradicción, actualmente se reconoce –incluso lo reconocen así la mayoría de los teólogos– que los argumentos apriorísticos de la existencia de Dios carecen casi por completo de méritos.

Sin embargo, a partir del fracaso de los argumentos apriorísticos de la existencia de Dios los teólogos contemporáneos en general no concluyen que sea necesario proporcionar argumentaciones empíricas. Más bien, han tendido a descartar absolutamente cualquier clase de argumentación y, siguiendo algunas sugerencias atribuidas a Jesús, prefieren apelar directamente a la fe. La fe es, supongo, una suerte de sinónimo de la creencia, con la connotación adicional de que esta creencia no está basada en nada. Desde un punto de vista filosófico, resulta difícil tomar en serio este concepto. Obviamente, si uno tiene fe lo encuentra convincente. Si no, es difícil saber cómo entender esta convicción, ya que no se pueden ofrecer razones que la justifiquen. La dificultad se exacerba aun más debido a la variedad de objetos de fe que se ofrecen. ¿Cómo hace uno para decidir si ha quedado más impresionado por el cristiano convencido o por el musulmán convencido? ¿O, si se quiere, por la persona igualmente convencida de los poderes curativos de las sales o de que la fe mueve montañas? Si no hay razones para adoptar esos sistemas de creencia, parece imposible que haya alguna razón para elegir uno entre ellos. Casi ni hace falta que diga que mi respuesta es no tomar la fe demasiado en serio. Una cosa es admitir que nuestro conocimiento del universo es extremadamente limitado, y otra totalmente diferente es responder a ese hecho con el recurso desesperado de creer en lo que nos viene mejor. Por supuesto, para un fiel creyente argumentaciones como ésta no resultarán atinadas ni vendrán al caso (aunque, en realidad, soy bastante escéptico de que la fe sea tan inmune a la razón como su propio concepto parece afirmarlo).

Tal vez sea una cuestión de definición el hecho de que algunas cosas, en el caso de que existan, no puedan ser sometidas a prueba para confirmar su existencia. Es decir, que puedan ser definidas más allá del puro contacto sensorial. No tengo ningún interés en esas cosas putativas. Como ya he dicho, no considero que Dios sea una de esas cosas. Supongo que Dios, si lo quisiera, no tendría dificultad para hacer que su existencia fuera empíricamente inconfundible. Podría aparecer sobre la tierra bajo alguna apariencia adecuadamente imponente y llevar a cabo toda clase de milagros. Podría, por ejemplo, instituir la paz mundial. Sin duda los teólogos tienen muchas buenas explicaciones para justificar su decisión de evitar esa clase de conducta. En cualquier caso, el tema que me concierne es si las razones que se ofrecen para justificar la creencia en diversas entidades son empíricas, en el sentido amplio que propongo, o no. Lo que pretendo afirmar en este capítulo es que antes del desarrollo de una teoría de la evolución convincente, existía una suerte de argumentación de la creencia en Dios, y podía considerarse que dicha argumentación satisfacía los presupuestos naturalistas. Sin embargo, esa argumentación, siempre problemática, fue enteramente desautorizada por el desarrollo de una exposición convincente de la evolución. En consecuencia, afirmo que ahora no tenemos una buena razón para creer en Dios. Por supuesto, esa afirmación es una contribución de gran importancia para nuestra visión de mundo.

Debería mencionar la posibilidad de que existan razones morales y no empíricas que favorecen la creencia religiosa. Sin dudas es enormemente problemático postular como razón suficiente para la creencia la afirmación de que uno se sentiría mejor si creyera. Esto suele describirse como una expresión de deseo. El gran filósofo y psicólogo estadounidense William James hizo un impresionante intento de defender ese procedimiento, pero no logró convencer a muchos. En cualquier caso, aunque no intentaré discutir en detalle este punto notoriamente polémico, en lo personal la tesis de que la creencia religiosa conduce generalmente al bienestar humano despierta en mí un enorme escepticismo. Una rápida consideración de los acontecimientos de hoy revela que gran cantidad de los principales conflictos mundiales están causados por la confrontación entre personas divididas por diferencias religiosas. Por cierto se dirá, y sin duda correctamente, que las causas últimas del conflicto no se basan en errores teológicos que resultan ultrajantes, sino más bien en rivalidades económicas y políticas mucho más mundanas. No obstante, hacen falta criterios para dividir a la gente en grupos considerados dignos de merecer un trato económico o social favorable o desfavorable. Históricamente, la nacionalidad o la raza han sido criterios suficientes, pero el reconocimiento de la superficialidad de estas divisiones tribales es cada vez más obvio para un pensamiento incluso apenas progresista. Se puede decir que las diferencias religiosas siguen siendo la base más efectiva para defender las fronteras entre ellos y nosotros, y creo que la desaparición de esa clase de mitología sería absolutamente saludable. Y eso por no mencionar la idea de que sería mucho mejor que la gente creyera en lo que es verdad.

EL ARGUMENTO DEL DISEÑO

El propósito esencial de este capítulo es considerar si existe alguna perspectiva de encontrar argumentos empíricos de la existencia de Dios, en ausencia, al menos, de la decisión de Dios de revelar empíricamente su existencia. La argumentación clásica que intenta presentar pruebas en favor de la creencia en alguna deidad es el denominado argumento del diseño. Para expresarlo de manera sencilla, este argumento expone que el mundo, o algunas de las cosas que hay en él, revelan huellas inconfundibles de diseño y planificación; por lo tanto, debe existir un diseñador, es decir, debe haber un Dios. El argumento es muy antiguo, probablemente haya sido sugerido por San Pablo (Romanos 1: 20): "Porque las cosas invisibles de Él, su eterno poder y deidad, se hacen claramente visibles desde la creación del mundo, siendo entendidas por medio de las cosas hechas, de modo que no tienen excusa". El más famoso expositor de ese argumento fue William Paley, alrededor del principio del siglo XIX, y la figura retórica más conocida empleada por Paley es la comparación entre la naturaleza y un reloj:

> Supongamos que, al cruzar un brezal, diera mi pie contra una piedra y se me preguntara cómo llegó a estar la piedra allí; posiblemente podría responder que, como no sabía nada que indicara lo contrario, esa piedra siempre había estado allí; y tampoco sería muy sencillo demostrar lo absurdo de esa respuesta. Pero supongamos que hubiera encontrado un reloj en el suelo, y se me preguntara cómo era

> que el reloj había llegado a ese lugar; en ese caso jamás se me ocurriría dar la misma respuesta que antes: que por lo que sabía, ese reloj siempre había estado allí.

Yo concluiría, por supuesto, que alguien había diseñado y construido ese reloj. Paley señala entonces que por elaborado que sea el funcionamiento o el mecanismo de un reloj, es simple cuando se lo compara con el de una planta o el de un animal. En consecuencia, el argumento sobre la existencia de un diseñador es aun más sólido en el segundo caso que en el primero. De este modo, la naturaleza debe haber sido diseñada y creada, y al diseñador o creador lo llamamos Dios. Esta argumentación fue lectura obligatoria para los estudiantes universitarios ingleses durante gran parte del siglo XIX, y uno de los estudiantes que quedó impresionado con la obra fue Charles Darwin:

> Para pasar el examen de bachiller en Arte, era necesario también familiarizarse con *Evidences of Christianity*, de Paley, así como con su *Filosofía moral*... La lógica de este libro, y agregaría también de su *Teología natural*, me proporcionaron tanto deleite como Euclides. El cuidadoso estudio de estas obras, sin intentar aprender ningún fragmento de memoria, fue la única parte del curso académico que me

> pareció entonces, y aún lo creo, de la menor utilidad para la educación de mi mente. En ese momento no me perturbaron para nada las premisas de Paley; dándoles absoluto crédito, quedé encantado y convencido por sus extensas argumentaciones.
>
> (Charles Darwin, *Autobiografía*)

El argumento goza de un considerable grado de plausibilidad superficial, y ha convencido a muchos. Y, como ya he señalado, es un argumento que parte de la evidencia proporcionada por los sentidos. Sin embargo, sus méritos no sobreviven a un escrutinio detallado –como al que fue sometido poco antes de que Paley escribiera su *Teología natural*– por David Hume en sus *Diálogos sobre la religión natural*. La refutación que hace Hume del argumento del diseño es devastadora. El primer problema que presenta cualquier versión de ese argumento es que, aun cuando logre demostrar que el mundo debe tener un diseñador, no tiene ninguna posibilidad de revelar cómo es ese diseñador. Hume diferencia claramente la posibilidad de que la teología natural (el proyecto general de deducir una teología a partir del examen del mundo) pueda demostrar que debe existir un diseñador de la posibilidad de que podamos atribuir a ese diseñador alguna de las propiedades morales tradicionalmente asociadas con Dios, y sus argumentaciones en contra de esta última posibilidad son aun más devastadoras que las empleadas contra la primera.

La primera parte –y la más extensa– de los diálogos de Hume se ocupa del primer tema. La forma general del argumento del diseño ha sido considerablemente discutida en la filosofía reciente bajo el título de "inferencia hacia la mejor explicación". Como su nombre lo sugiere, la idea general es que podemos inferir la verdad de algún hecho –habitualmente no observado o inobservable– a partir del reconocimiento de que ese hecho proporcionaría la mejor explicación de algún hecho observado. Ésta es una forma de argumentación considerada de gran importancia para el pensamiento científico porque parece ser necesaria para fundamentar nuestra creencia en objetos tales como los electrones o los quarks, que no son accesibles a la observación directa. Los físicos pueden hablar de la observación de un electrón cuando ven una trayectoria en una cámara de burbujas, pero todo lo que ven es una fila de burbujas dentro de un tanque de líquido. Se sugiere que el electrón es aquello que se infiere como la mejor explicación de la aparición de esa trayectoria señalada por las burbujas. El argumento es debatible, pero supongamos que su principio es sólido. O, al menos, que algunas de sus instancias son sólidas.

Para que las instancias de inferencia sean sólidas, es necesario que exista una explicación que se identifique como la mejor. Éste es un punto importante por el que Hume (o en cualquier caso su portavoz en el diálogo, Filo) critica el argumento del diseño. Supongamos, dice Hume, que alguien ha logrado establecer que existió, sin dudas, un diseñador del universo. Incluso así,

> más allá de esa posición, no puede determinar ni una sola circunstancia, y queda luego librado a establecer cada uno de los puntos de su teología con la mayor licencia y fantasía e hipótesis. El mundo, por lo que él sabe, es muy defectuoso e imperfecto si se lo compara con un nivel superior, y fue tan sólo el primer ensayo burdo de alguna deidad infantil que luego lo abandonó avergonzada de su pobre desempeño: es la obra apenas de alguna deidad inferior, dependiente, y es objeto del desprecio de sus superiores: es la producción de la vejez y la senilidad de alguna deidad caduca...
>
> (*Diálogos*, parte V)

En realidad, Hume no está siempre dispuesto a aceptar siquiera la supuesta existencia de un diseñador. En un momento sus personajes juegan con la idea de que el universo es más semejante a un organismo, que tal vez fue el resultado de una reproducción cuasi biológica. En general, algunos súpervegetales parecen la analogía más promisoria. Por supuesto, esto induce a preguntar de dónde vinieron los universos progenitores; pero en cuanto al argumento del diseño resulta igualmente problemático plantear que si la existencia de un objeto ordenado requiere la hipótesis de un diseñador, es difícil entender por qué el mismo Dios, supuestamente el orden supremo, no requiere a su vez un diseñador. Y, más interesante aun, Hume incluso coquetea con una idea que anticipa algo de Darwin:

> ¿Existe un sistema, un orden, una economía de las cosas, por cuyo medio la materia puede preservar esa perpetua agitación que parece resultarle esencial, y mantener no obstante una constancia en las formas que produce? Sin duda existe esa economía, pues eso es realmente lo que ocurre en el caso del mundo presente. Por lo tanto, el movimiento continuo de la materia, en transposiciones menos que infinitas, debe producir esta economía u orden, y por su misma naturaleza, ese orden, una vez establecido, se sustenta a sí mismo durante muchas eras, si es que no eternamente.
>
> (*Diálogos*, parte VIII)

Richard Dawkins, en *El gen egoísta*, señaló que la supervivencia de los más aptos es un caso especial del principio más general y manifiesto de la supervivencia de lo estable. En un tiempo infinito, sugiere Hume, el universo descubrirá por casualidad las clases de estabilidad que por su existencia real sabemos que son posibles, y como resultado de su estabilidad esos estados perdurarán.

Hume se explaya menos y es más intransigente con la idea de que podemos inferir la existencia de un creador que posee toda la benevolencia que se le suele atribuir al Dios cristiano. El mundo está lleno de males que podrían ser evitables –el dolor, las enfermedades, las catástrofes naturales y desdichas por el estilo– y el creador del universo o bien careció del poder o de la voluntad de evitarlos. Pero por cierto un ser omnipotente no podría carecer del poder, y un ser infinitamente benévolo no podría carecer de esa voluntad, de modo que la teología natural contradice algunos de los atributos tradicionales de la divinidad. Filósofos y teólogos se han tomado grandes trabajos en todas las épocas para establecer que la naturaleza del mundo no contradice la existencia de un creador benévolo (la naturaleza del mundo no es tan mala como parece, el mal tiene lejanas consecuencias positivas de las que no somos conscientes, etc.). Pero las perspectivas de demostrar que el universo está tan colmado de bondad que sólo podría haber sido creado por un ser supremamente benevolente son tan poco promisorias como las de cualquier otra argumentación que se nos podría ocurrir.

Sin embargo, no me detendré en esas otras argumentaciones, porque las reflexiones ya enunciadas sobre los motivos para creer en cualquier Dios, según hemos visto, demuestran que la teología natural puede decirnos muy poco acerca de la naturaleza del creador. El segundo conjunto de argumentaciones sólo cobra importancia si uno acepta que es necesaria la existencia de alguna clase de diseñador, pero supone erróneamente que esa aceptación nos conduce a algo semejante a una concepción tradicional de Dios. En realidad, a pesar de la fuerza de sus propios argumentos, al final de los *Diálogos* Hume parece aceptar que el universo nos proporciona evidencias de una causa del orden que "probablemente presente alguna remota analogía con la inteligencia humana" –algo que no es exactamente una triunfante reivindicación del teísmo, pero que tampoco es una negación absoluta–. Hay desacuerdos con respecto a si Hume incluyó este mínimo elemento de teísmo tomándolo en serio, o si su presencia es tan sólo un reflejo de los límites aceptables de la especulación en el siglo XVIII. Pero no tenemos que preocuparnos por esa polémica, porque ahora nosotros podemos ver –a diferencia de Hume, quien en su momento no podía hacerlo– de qué modo la teoría de la evolución cambia todo el contexto de la argumentación que hemos estado exponiendo.

He señalado ya que para que una inferencia fuera la mejor explicación era esencial que fuera una clara candidata a ser la mejor explicación. Y ya vimos que el punto débil del argumento del diseño es que no representa una explicación única, y por cierto tampoco la mejor. Y eso es, finalmente, lo que nos proporciona la evolución: la única, mejor y más clara explicación del origen de la vida terrestre. En este punto, no es necesario insistir en que la evolución proporciona la mejor explicación posible. Puede ser que algún día descubramos otra mucho mejor. Pero para invalidar por completo el argumento del diseño sólo debemos señalar que la evolución proporciona una explicación muchísimo mejor que recurrir, de manera totalmente vaga, a un creador del que no se sabe nada en absoluto.

¿Por qué insisto en que la evolución es una explicación mucho mejor que la del diseñador inteligente? Porque la evolución es una teoría que proporciona una minuciosa correlación entre el aparato explicativo y los fenómenos. Las observaciones ya expresadas para respaldar la evolución –estructuras homólogas en diferentes clases de organismos, relaciones geográficas entre especies relacionadas, la disposición de los fósiles en el registro geológico y demás– constituyen una rica estructura que se articula sistemáticamente con la teoría que, en parte, las explica. Tal como lo expresan las críticas de Hume, el argumento del diseño, lejos de proporcionar una estructura de similar riqueza y detalle, sólo define y especifica un aparato teórico en términos tan vagos que lindan con el sin sentido, y explica apenas la presencia de algún orden o estructura, sin hacer referencia a un solo detalle de la estructura real que encontramos en nuestro mundo. No hay comparación posible entre la evolución y el argumento del diseño en cuanto a riqueza explicativa y precisión.

La conclusión precedente en cuanto a los méritos respectivos de la evolución y de la teología natural es en general indiscutida entre los que han reflexionado sobre el tema, pese a la constante oposición de los creacionistas, incluyendo un subconjunto muy pequeño de creacionistas muy serios y reflexivos. No sería cierto afirmar que ese argumento ha sido abandonado. De hecho, ha vuelto a surgir recientemente bajo una forma levemente diferente, como la teoría del diseño inteligente. Sin embargo, como no logro distinguir en este enfoque ninguna novedad genuina, no me ocuparé de ese tema ahora. Curiosamente, no obstante, el consenso general acerca de la superioridad explicativa de la evolución respecto del teísmo no ha sido considerado un problema para la creencia religiosa. De hecho, algunas personas, de manera sorprendente, han dedicado un esfuerzo considerable a negar que la evolución signifique una amenaza contra la religión.

INTENTOS DE RECONCILIAR LA EVOLUCIÓN Y LA TEOLOGÍA

Dos evolucionistas prominentes, el biólogo Stephen Jay Gould y el filósofo e historiador de la biología Michael Ruse, han publicado recientemente libros enteros dedicados a defender la compatibilidad del darwinismo con el cristianismo. Tal vez valga la pena mencionar que ambos autores escriben en los Estados Unidos, y que el poder político del cristianismo en ese país es tal que resulta más que conveniente intentar minimizar los posibles conflictos entre la ciencia y la religión. Sin embargo, como la oposición a la evolución proviene casi exclusivamente de los cristianos fundamentalistas, y como de hecho ni Ruse ni Gould han sugerido que la teoría evolutiva fuera coherente con una interpretación literal del Génesis, esa conveniencia es limitada. De todos modos, supondré que ambos son completamente sinceros. En ese caso, me parece que ambos están equivocados.

Ruse considera con cierto detalle los puntos principales en los que se ha alegado que las convicciones darwinistas y cristianas se contradicen entre sí, y concluye que esas contradicciones en realidad no existen y que, de hecho, por ejemplo en relación con las percepciones cristiana y sociobiológica de la ética, esas creencias pueden llegar en ciertos casos a respaldarse mutuamente. Por supuesto, esto ocurre casi siempre porque no tienen nada que ver entre sí. Darwin no tiene nada que decir (por lo que sé) acerca de la Trinidad y, aunque hay en su obra poco lugar para el parto de una madre virgen o para las resurrecciones de entre los muertos, tampoco existe para él la necesidad de negar que un ser sobrenatural suficientemente poderoso podría producir esa clase de situaciones. Así que no me propongo para nada argumentar que existe contradicción entre el darwinismo y el cristianismo. Sin embargo –y éste es el punto señalado ya al principio de este libro, en el cual me encuentro desconcertantemente de acuerdo con Richard Dawkins y los fundamentalistas cristianos–, me parece que esa argumentación pasa por alto el punto crucial. Y ese punto es el que se ha enunciado con cierto detalle en este capítulo: que el darwinismo socava la única razón remotamente plausible para creer en la existencia de Dios. Y, dejando de lado algunas versiones liberales extremas del cristianismo, la creencia en la existencia de Dios parece ser una condición mínima del cristianismo. En consecuencia, y contrariamente a la opinión filosófica ortodoxa sobre ese tema, creo que los cristianos –y no solamente los cristianos fundamentalistas– están acertados al tratar de socavar el darwinismo, y Richard Dawkins está en lo cierto al afirmar que como los intentos de desacreditar al darwinismo son un completo fracaso, en el argumento del diseño no queda nada que valga la pena. Más polémicamente, quiero repetir que sin el argumento del diseño no queda nada muy creíble del teísmo en general y del cristianismo en particular. Por lo tanto, me parece que la argumentación de compatibilidad de Ruse, aunque sea exitosa en líneas generales, no viene al caso.

Gould llega a la conclusión de la existencia de esa compatibilidad de una manera más drástica que Ruse, por medio de la insistencia en una división radical entre dos esferas de pensamiento o *magisteria*. Una de ellas, el *magisterium* de la ciencia, se ocupa de cómo son las cosas, en tanto la otra, el *magisterium* de la religión, se ocupa de la ética y, en el sentido tradicional, tan penoso para los filósofos profesionales –y especialmente para los filósofos de la biología– del significado de la vida. Son campos completamente independientes, y por lo tanto ninguno de los dos implica una amenaza para el otro. Gould demuestra de manera convincente que muchos de los grandes científicos y teólogos han reconocido de algún modo esa distinción y con frecuencia se han comprometido profundamente con ambos *magisteria.* A medida que se ha producido el avance de la ciencia, los teólogos más capaces han retirado rápidamente su reclamo de autoridad fáctica en el campo colonizado por la ciencia, reduciéndose cada vez más al particular *magisterium* de la ética y el sentido de la vida.

A pesar de la enorme autoridad que Gould confiere a esta posición, no estoy para nada convencido, por dos razones principales. La primera, y tal vez la más fundamental, es el punto que he subrayado a lo largo de este capítulo, y específicamente con respecto a la tesis de Ruse. Ese punto es que la ciencia, especialmente bajo la faz del darwinismo, ha socavado cualquier fundamento plausible para creer que puedan existir dioses u otros seres sobrenaturales. De hecho, esta simple observación, sea o no cierta, señala la dificultad de mantener los *magisteria* de Gould netamente separados. Porque el hecho de que exista o no algún dios es algo fundamental respecto a cómo son las cosas. La ciencia no afirma que no hay dioses, pero sin duda no dice que ninguno existe. Así, si la ciencia fuera verdaderamente el único *magisterium* autorizado para decir cómo son las cosas, no tendríamos ninguna razón para decir que existe un Dios, y el *magisterium* de la religión sería, por lo tanto, gravemente defectuoso.

Por otra parte, es indudablemente cierto que muchas tradiciones religiosas nos han proporcionado ideas profundas y coherentes con respecto a cómo debemos vivir y dar significado a nuestras vidas. Podemos respetar esas tradiciones y sus preceptos sin suponer que su validez tiene alguna relación con un origen sobrenatural. De hecho, aun cuando hayan tenido un origen sobrenatural, se ha planteado la cuestión, generalizada y convincente, de que si no existían razones independientes para considerarlas valiosas –razones presumiblemente conocidas por Dios–, no resulta claro por qué debemos actuar según esos preceptos, salvo tal vez por miedo a las recriminaciones. Y si existen suficientes razones independientes, la aprobación de Dios se vuelve superflua. Lo que quiero decir es que aun cuando Gould esté en lo cierto al plantear la separación entre esos dos campos del pensamiento, esto no protege a las afirmaciones teológicas –especialmente la existencia de un Dios– de la amenaza que enfrentan con el avance de la ciencia. De modo que me parece absolutamente equívoco presentar este argumento respecto de la relación entre ciencia y religión. Dicho de otro modo, Gould no hace nada ni intenta hacerlo para demostrar que existe una base para un compromiso ontológico absolutamente independiente de la ciencia (o tal vez de la experiencia cotidiana). Y dudo mucho de que, de verse desafiado a hacerlo, Gould estuviera interesado en hacer esa demostración.

Mi segunda preocupación con respecto a la argumentación de Gould es que dudo de que esté en lo cierto al pensar que puede trazarse una clara línea divisoria incluso entre la ciencia y la ética. En filosofía hay una larga tradición que supone esa división, pero que se ha tornado cada vez más polémica en el entorno más reciente de la filosofía de la ciencia. En cualquier caso, Gould asume una versión que suena bastante anticuada de la distinción entre hecho y valor. Pero una de las áreas en las que la distinción hecho/valor se ve más obviamente presionada es precisamente en el contexto de la evolución. Los evolucionistas –si bien no siempre de manera creíble– hacen afirmaciones acerca de cómo debemos ser fundamentalmente, afirmaciones que se basan en su comprensión de la evolución. Pero sin duda es probable que se pudieran hacer afirmaciones muy diferentes y defendibles acerca de cómo deberíamos vivir si fuéramos criaturas solitarias y sociales o, en el otro extremo, insectos sociales. Si se demostrara, por caso, que todos los seres humanos adecuadamente desarrollados tienen un obsesivo impulso a acumular posesiones personales, la propuesta de que los seres humanos están obligados a vivir en sociedades comunistas sería muy difícil de defender. La curiosa mixtura de individualismo y socialización que en realidad caracteriza al *Homo sapiens* es sin duda lo que hace tan difícil e interesante el tema de cómo deberían vivir los seres humanos. (Irónicamente, lo sociobiólogos y sus descendientes intelectuales suelen hacer reclamos paralelos con respecto a una rígida distinción entre hechos y valores, con el propósito de poner de relieve que sus afirmaciones sobre la naturaleza humana no tienen relevancia para los temas éticos o políticos.) Presumiblemente, una vez más, si fuéramos criaturas parcialmente sobrenaturales hechas a imagen y semejanza de un ser omnipotente, eso también tendría consecuencias para la naturaleza de una buena vida humana. Un ideal, generalizadamente aceptado, de una vida buena posible es aquélla dedicada a la adoración o el servicio del Ser Supremo. Resulta difícil creer que el valor de esa vida sea independiente del hecho de si existe en realidad un ser de esas características a quien adorar o servir. En suma, la manera en la que deberíamos vivir es un tema que no puede separarse completamente de los hechos, de cómo son las cosas.

El punto principal, sobre el que tal vez sería innecesario trabajar si no fuera tan polémico y si algunos de sus aspectos importantes no hubieran sido rebatidos y negados por algunas personas inesperadas, es que la teoría de la evolución ha representado una contribución importante, incluso decisiva, en el proceso de invalidación de las interpretaciones precientíficas sobrenaturalistas metafísicas, reemplazándolas por la metafísica naturalista asumida por la mayoría de los filósofos contemporáneos. El problema no es si la evolución y una tradición religiosa particular son coherentes en un sentido lógico. Siempre que la tradición religiosa evite las afirmaciones fácticas, tal como la concepción de Gould de distintos *magisteria* la obliga a hacerlo por decreto, y tal como los teólogos sensatos han accedido a hacerlo durante siglos, la evolución y la tradición religiosa son coherentes porque no hablan de los mismos temas. Pero no obstante se da el caso de que la ciencia y la religión hablan de concepciones del universo radicalmente diferentes. Y como la concepción defendida por la evolución se ha tornado más convincente, la concepción promovida por la religión se ha hecho menos sostenible. La ciencia no contradice la religión, pero hace cada vez más improbable que el discurso religioso tenga tema.

A veces se sugiere que la ciencia siempre dejará lagunas, y esas lagunas proporcionarán un hábitat apropiado a los residuos de religión. Sin duda podemos estar seguros de que la ciencia nunca conseguirá explicarlo todo, y si se considera útil aspirar a los cielos para explicar aquello en lo que la ciencia falla, que así sea. El problema es que no es fácil elegir las lagunas adecuadas: la religión ha tendido a elegir lagunas (la vida, la mente) que más tarde la ciencia ha empezado a llenar, y la retirada a un terreno más seguro es mala propaganda de las virtudes explicativas de la religión. Sin embargo, dentro del domino actual de la evolución hay una laguna bastante grande que debemos mencionar. Se trata del principio de la vida.

Es cierto que los orígenes últimos de la vida, la transición del lodo primordial a la primera célula viva, sigue siendo poco conocida. ¿Deberíamos concluir, entonces, que la explicación de esta transición en términos de burdos bosquejos tentativos de procesos químicos no es mejor ni peor que apelar a la intervención divina? No lo creo. Primero, recuérdese que mi preocupación ha sido determinar si la inspección del mundo en el que nos encontramos nos da fundamentos para creer en un ser supremo. Si hubiéramos establecido de antemano que existía un ser así, y que era un ser con capacidad de crear vida, entonces su intervención sería por cierto la mejor explicación del comienzo de la vida. Pero ahora nos encontramos considerando a un ser cuya existencia debe postularse solamente como explicación de ese enigmático fenómeno... como una maniobra *ad hoc* de la clase que generalmente se considera como un elemento que vicia cualquier reclamo o aspiración a una explicación. Por otra parte, aunque hay mucho que desconocemos acerca de los albores de la vida, no carecemos sin embargo de recurso explicativo. Sabemos que las condiciones que probablemente existían unos cuantos billones de años atrás, cuando probablemente comenzó la vida en la Tierra, eran adecuadas para la producción de sustancias químicas orgánicas bastante complejas. Hay motivos para pensar que las mezclas complejas de elementos químicos orgánicos pueden establecer esquemas estables de reacción no muy distintos a los de la dinámica metabólica que encontramos en las células biológicas. Tenemos buenas razones para suponer que una vez que se alcanzaron las condiciones mínimas de reproducción de algo semejante a una célula, se podía esperar que la selección natural produjera un incremento de la sofisticación y la estabilidad del proceso. Y hay especulaciones mucho más específicas acerca de los detalles químicos de estos hipotéticos procesos.

La situación señala un aspecto importante de la inferencia como mejor explicación. La mejor explicación disponible suele ser, y tal vez con frecuencia lo es, básica y parcial. Confiamos razonablemente en que los movimientos de los objetos astronómicos están mejor explicados por algunos principios conocidos de la mecánica, aun cuando puede haber obstáculos matemáticos teóricos para la aplicación de esos principios en esos casos. Estoy dispuesto a admitir que en el caso actual el salto es mayor. No disponemos de ningún caso paralelo exacto al cual recurrir: hay verdaderas lagunas en nuestro conocimiento de los procesos en funcionamiento. Pero, sin embargo, me parece que recurrir a un ser supremo no es ninguna clase de explicación en absoluto. No sabemos nada acerca de cómo un ser así crea vida o cualquier otra cosa, no sabemos por qué crea una clase de vida y no cualquier otra y, en suma, estamos admitiendo que el problema trasciende nuestro poder e imaginando a un ser a quien no le ocurre lo mismo.

La consecuencia más profunda de la evolución es que debería dejarnos en claro que no tenemos ni necesitamos una figura paterna todopoderosa para asumir las tareas que por el momento parecen excedernos. Bien puede ocurrir que existan cosas del universo que jamás lleguemos a entender. Pero no hay nadie que pueda entenderlas por nosotros... o al menos nadie más que, tal vez, otros ocupantes naturales y evolutivos del espacio y el tiempo en otras partes del universo.

5
Humanos y otros animales

ALMAS

La reticencia del obispo Samuel Wilberforce a aceptar que entre sus ancestros se pudiera contar un simio, aun cuando éste se contara entre los antepasados de Charles Darwin, es una de las anécdotas más famosas de la historia de la ciencia. Esa anécdota también refleja otra razón familiar que explica por qué aquéllos con inclinación religiosa han sido a veces hostiles a las teorías darwinianas: su temor a que la división fundamental entre los humanos y el resto de la creación se debilite debido a la doctrina que afirma que todos los organismos comparten antepasados comunes. Y por cierto, algo de eso hay. La continuidad de la descendencia realmente sugiere límites de la profundidad de la división que puede suponerse entre los humanos y sus parientes animales. El propósito de este capítulo es explorar la naturaleza y la amplitud de esa división. Aunque rechazo completamente la distinción absoluta entre nosotros y ellos, que aún sostiene gran parte del pensamiento religioso, pretendo proponer la existencia de una separación mayor que la que habitualmente admiten muchos científicos y filósofos contemporáneos.

Una posición a la que indudablemente la evolución ha tornado problemática es el dualismo propuesto por el gran filósofo francés René Descartes, por medio del cual se diferencia a los humanos de los otros animales sobre la base de que, en tanto los segundos son meros mecanismos, los primeros poseen en cambio una mente inmaterial. Para nuestros propósitos actuales, será conveniente y nada perjudicial igualar la mente cartesiana con el alma cristiana. Aunque no resulta imposible imaginar a un creador que observara el desarrollo de la evolución y que, en algún punto, decidiera (o, más probablemente, llevara a cabo una decisión anterior) dar alma a un subconjunto privilegiado de su creación, la escena parece poco plausible. En parte, por supuesto, es poco plausible debido, principalmente, a que la mayoría de los filósofos han abandonado el dualismo cartesiano. Sean cuales fueren los rasgos únicos de los humanos, hay dominios enteros de la conducta en los que las semejanzas entre nosotros y nuestros parientes cercanos son demasiado grandes como para que resulte creíble que en un caso esa conducta es el reflejo de un alma o de una mente, en tanto en el otro no existe algo semejante y se trata tan sólo del funcionamiento de una maquinaria neural.

Una respuesta a esta dificultad es suponer que, en aspectos esenciales, aquello que se considera el alma humana también puede encontrarse en otras criaturas. Por ejemplo, es muy difícil creer que los otros animales no sienten dolor, dada la semejanza que existe entre nuestra respuesta y la de ellos al daño físico, y resulta aun más difícil –probablemente ininteligible– suponer que ellos pueden sentir el dolor, pero tan sólo un dolor del que no son conscientes. Recientemente, la filosofía ha experimentado un renovado interés por la naturaleza de la conciencia. Tengo ciertas dudas de que los problemas centrales de ese renovado interés estén bien planteados. Pero como de todas maneras están planteados y se les ha dado respuesta, para que esa respuesta sea al menos plausible será mejor que no implique que la conciencia sea algo único y exclusivamente humano.

Abordando el tema desde una perspectiva ligeramente distinta, si la idea es considerar el alma como algo que ha evolucionado de la manera habitual (como lo sugirió Michael Ruse en el libro que ya se mencionó en el capítulo anterior), esa línea de pensamiento no puede proporcionar una base inmediata y suficiente para una clase de capacidad radicalmente diferente de la criatura que la posea. O, si puede hacerlo, la adquisición de un alma en algún momento particular de la historia evolutiva, ya sea en el momento en que los homínidos ancestrales divergieron de sus antecesores simiescos, o en el momento en el que alguna criatura primordial emergió del limo, es algo diverso, y ajeno, con respecto al curso normal de la evolución. Y no porque la evolución no pueda dotar a un organismo con una capacidad radicalmente nueva. Eso es algo que ocurre a lo largo de la historia de la vida. Pero la evolución lo hace por medio de pasos graduales y cambios constantes.

Dejando de lado por el momento las conclusiones escépticas del capítulo anterior, deberíamos dedicarnos a buscar en la tradición cristiana la concepción más defendible del alma humana. Creo que esa tradición es la que no considera el alma como una sustancia independiente sino más bien, de una manera que deriva de Aristóteles, como algo semejante a la forma de una criatura animada (véase Ruse, *Can a darwinian be a christian?*, pp. 80 y ss.). Aristóteles establece una distinción fundamental entre la materia, de la que están hechas las cosas, y la forma, que es algo así como la manera en que se dispone la materia para cierta clase de cosa particular, y que da cuenta de las propiedades características de las cosas que pertenecen a esa clase. La concepción más relevante del alma es desarrollada por Tomás de Aquino:

> Es evidente que lo primero por lo que un cuerpo vive es el alma. Y como en los diversos grados de los seres vivientes la vida se expresa por distintas operaciones, lo primero por lo que ejecutamos cada una de estas operaciones es el alma. En efecto, el alma es lo primero por lo que nos alimentamos, sentimos y nos movemos localmente; asimismo es lo primero por lo que entendemos. Por lo tanto, este principio por el que primeramente entendemos, tanto si le llamamos entendimiento como alma intelectiva, es forma del cuerpo.
>
> (Tomás de Aquino, *Suma teológica*, I, 76, 1; citado en Ruse, *Can a darwinian be a christian?*, pp. 80-81)

Según esta interpretación, resulta claro que todas las criaturas sensibles, tal vez todas las criaturas vivas, tienen alma, pero no en el sentido de poseer una parte desmontable y separable, sino más bien en el sentido de que poseen cierta clase de organización compleja y cierto conjunto de capacidades. En este punto, la división entre los humanos y los otros animales es de grado, y la profundidad de esa división depende, a su vez, de las diferencias que consideraremos un poco más adelante. Una vez que hemos aceptado la idea de un Dios que se interesa minuciosamente por las actividades de los organismos individuales de este planeta en particular, no hay nada absurdo en la noción de que ese Dios pueda tener una parcialidad peculiar por un grupo de criaturas distinguidas por un conjunto único de atributos. Quisiera argumentar que tal vez, como parte de la actual reacción exagerada a las ontologías sobrenaturalistas, suele restarse importancia a esas diferencias. De manera que lo que plantearé de ahora en adelante tenderá a respaldar las doctrinas de la excepcionalidad humana.

Sin embargo, como último comentario acerca de las interpretaciones religiosas, vale la pena señalar que la concepción del alma que acabo de describir resulta muy problemática respecto de las concepciones tradicionales de la supervivencia a la muerte. A medida que el cuerpo se descompone resulta muy difícil advertir dónde podría residir aún cualquier "motivación última que subyace a la nutrición, la sensación y el movimiento de un lugar a otro", dado que ya no hay nutrición, sensación ni movimiento. Si el cuerpo ya no está animado parece, según la lógica, que ya no hay nada que lo anima. Finalmente, bien puede ser que existan objeciones filosóficas a la existencia de un alma desmontable y dualista, objeciones tan serias como aquellas que debe enfrentar el alma aristotélica/tomista como vehículo de la supervivencia. La primera, al menos, tiene la ventaja de ser menos obvia.

LA CONTINUIDAD DE LOS HUMANOS Y LOS OTROS ANIMALES

Se han sugerido diversos atributos como fuentes que establecen la distinción más fundamental de la especie humana. El lenguaje, el pensamiento y la cultura son los atributos que se nos ocurren en primer lugar. En la posible existencia de esos atributos no hay nada antagónico respecto del pensamiento evolutivo. Muchos rasgos de muchas clases de organismos son únicos. Por ejemplo, el castor es el único mamífero que es capaz de digerir madera, y el ornitorrinco es el único mamífero venenoso (los machos tienen espolones venenosos en sus patas traseras). Tal vez sea inusual que una clase de rasgo absolutamente único esté restringida a una sola especie, pero este hecho refleja la carencia de diversidad filogenética de nuestro linaje más que el carácter único y especial de nuestra especie. Si consideramos linajes más diversos, no es difícil encontrar rasgos únicos de cada linaje. Pensemos por ejemplo en la capacidad de localización acústica de los murciélagos, por ejemplo. Probablemente en algún momento sólo había una única especie de murciélagos con capacidad de localización acústica, o radar. Es posible imaginar que, en el futuro distante, habrá muchas especies de mamíferos parlantes y pensantes derivados de nuestra especie.

Entonces, ahora quiero dedicarme al rasgo distintivamente humano que considero más significativo, el lenguaje. Lo considero más significativo que los otros dos mencionados con anterioridad por las razones que procedo a detallar. La única base posible para suponer que el pensamiento es un rasgo exclusivo de los humanos es la convicción de que el lenguaje lo es. La clase de pensamiento que ha señalado Gilbert Ryle, la del pensamiento que se revela por medio de la acción, sin duda se revela igualmente en el humano jugador de tenis inteligente y en la leona que acecha con inteligencia a la gacela. Parece improbable, por otra parte, que una leona pueda abocarse al pensamiento discursivo complejo por la razón obvia de que carece del instrumento esencial del discurso, que es el lenguaje. De manera en cierto sentido semejante, las partes más característicamente humanas de la cultura son sin duda aquellas que dependen de la posesión humana del lenguaje. En otras especies diversas existe un grado considerable de organización social, y esas formas de organización que parecen imposibles de alcanzar entre las especies no humanas lo parecen en gran parte porque requieren una clase de comunicación de un grado de especificidad que sólo parece posible cuando existe un lenguaje complejo.

Sin embargo, es necesario subrayar una vez más que no existe discontinuidad alguna en este caso. Los humanos poseen una aptitud lingüística mucho mayor que cualquier otra criatura que conozcamos, pero del mismo modo las ballenas azules son mucho más grandes. Si son o no suficientemente grandes como para determinar una diferencia de especie depende del grado de la diferencia. De ello se desprende que la evolución no se ve amenazada aunque se insista en que la distinción entre el lenguaje humano y otros lenguajes es sustancial. Subrayo este punto porque de hecho creo que con frecuencia se subestima el carácter único del lenguaje humano, y a veces se sigue esa línea de conducta porque se lo considera una amenaza a la adecuada naturalización de la humanidad y a su inclusión en el espectro más amplio de la vida terrestre. Tal amenaza no existe; y es importante, por razones que espero dejar en claro en el próximo capítulo, que tomemos muy en cuenta los rasgos que son exclusivos del *Homo sapiens*.

¿Cuán grande es, entonces, la discontinuidad entre los humanos y los otros animales con respecto a la aptitud lingüística? No hay duda de que muchas otras especies usan signos que poseen lo que ha sido llamado significado "no natural". Es decir, signos que no tienen conexión causal, o semejanza, con los objetos a los que su empleo se refiere. Uno se siente tentado a decir que la conexión entre el signo y la cosa significada es convencional, no natural. Un ejemplo bien conocido es el grupo de señales empleadas por los monos vervet para alertar a sus congéneres de la presencia de diversos predadores potenciales. También se han suscitado cuantiosas polémicas con respecto al grado de éxito alcanzado por los experimentos destinados a enseñarle lenguajes simbólicos a los grandes simios e incluso a las ballenas. Sin embargo, no tengo intención de profundizar ahora en esos debates, por la simple razón de que incluso las evaluaciones más optimistas del resultado de esos experimentos revelan la existencia de un profundo abismo entre los logros de nuestra propia especie y los logros de cualquier otra.

Para establecer la posibilidad evolutiva de un rasgo único de una especie particular, es imprescindible que podamos distinguir una secuencia plausible de etapas intermedias entre las criaturas que poseen el rasgo plenamente desarrollado y las criaturas que carecen por completo de ese rasgo. (Por supuesto, no debemos suponer que nuestra imposibilidad de concebir esa secuencia demuestra la imposibilidad de que ese rasgo se desarrolle.) En el caso del lenguaje, no parece haber particular dificultad en cuanto a este punto. Como ya se ha señalado, muchos animales tienen sistemas de comunicación de diversos grados de complejidad y sofisticación. No existe en principio ningún obstáculo evidente para el desarrollo masivo de un sistema de comunicación igualmente simple en dirección al lenguaje humano. Por supuesto, persiste un alto grado de misterio acerca de las fuerzas que podrían haber impulsado esa trayectoria evolutiva, de su relación con otros desarrollos en la complejidad cognitiva humana y demás. Pero lo que deseo subrayar en este punto es que no hay nada extraordinario en cuanto a estos problemas, y tampoco hay razón para imaginar que en este caso necesitaríamos salirnos del encuadre normal del pensamiento evolutivo.

El principio desarrollado en el último párrafo –que siempre que sea posible debemos evitar la postulación de saltos instantáneos hacia estados de categorías totalmente nuevas en nuestra conceptualización de las trayectorias evolutivas– se aplica igualmente a nuestro pensamiento en el caso de la conciencia. Algunos filósofos –el más famoso es Descartes– han sostenido que la conciencia era exclusiva de los humanos entre todas las formas terrestres. No es imposible conciliar esta afirmación con una fluida trayectoria evolutiva, ya que es posible suponer que los primeros destellos de conciencia aparecieron en alguna etapa de desarrollo cognitivo superior al de cualquier otra criatura viva de ese momento, pero muy anterior al que hemos alcanzado ahora. Pero no veo ninguna razón posible para la negación contraintuitiva de una conciencia a todas las otras criaturas. Parece obvio que podemos distinguir si un perro es consciente o no, y no hay necesidad de cuestionar esa simple capacidad. Una estrategia mucho mejor podría ser advertir que la conciencia es un concepto bastante complejo que admite tanto diferentes grados como dominios de aplicación. No hay duda de que existen muchas cosas de las que yo puedo ser consciente y mi perro no: como por ejemplo, el hecho de que le debo una disculpa a mi amiga por haber olvidado su cumpleaños. Resulta claro y es importante señalar que esos límites de la conciencia de un perro están íntimamente relacionados con su ineptitud lingüística. Sin embargo, vale la pena señalar que el perro, a diferencia de mí mismo, puede ser consciente del olor de un conejo que acaba de morir. Los límites de la conciencia de una criatura están estrechamente relacionados con su conjunto de aptitudes particulares. Tal como explicaré más adelante, el lenguaje nos proporciona un conjunto de aptitudes extraordinariamente amplias, y en consecuencia con un campo de conciencia igualmente ampliado. Tal vez deberíamos considerar que se trata de un caso en el que una diferencia de grado equivale a una diferencia de clase. Pero si es así, es crucial recordar, desde el punto de vista de la evolución, que una diferencia de clase puede ser la suma de muchas pequeñas diferencias de grado.

LA DISCONTINUIDAD DE LOS HUMANOS Y LOS OTROS ANIMALES

Hasta el momento, el punto que he desarrollado en este capítulo es que no hay ninguna buena razón para negar la continuidad evolutiva entre nosotros y otras criaturas. Pero –y ésta es la tesis que ocupará el resto del capítulo– a pesar de esa continuidad, la novedad evolutiva del lenguaje ha ejercido profundos efectos incluso sobre el estatus biológico de la especie a la que pertenece. De manera más fundamental, esos efectos se deben a las posibilidades que crea el lenguaje humano para la tarea de construcción de culturas elaboradas.

La importancia del lenguaje humano es al mismo tiempo tan obvia y tan diversa que resulta difícil explayarse sobre el tema sin incurrir en banalidades. Un enfoque del tema que conduce directamente a la relación del lenguaje con la cultura es señalar las enormes posibilidades de división del trabajo, o de división de roles o estatus que el lenguaje permite a las sociedades humanas. Me resulta obvio que ninguna especie no humana se aproxima siquiera a esta clase de diferenciación. El lenguaje facilita esta diversificación de dos maneras: por medio de los procesos de aprendizaje y en la subsiguiente cooperación entre agentes que cumplen diferentes roles. Tal vez sea posible imaginar que la primera función podría cumplirse por medio de alguna clase de programa interno de desarrollo. Probablemente las especies más diversificadas funcionalmente, aparte de la nuestra, se hallen entre los insectos sociales, y en parte se debe a una diversificación del desarrollo fisiológico; aunque resulta significativo que las señales que provienen de otros miembros de la colonia sean cruciales para determinar la trayectoria evolutiva que seguirá un individuo. En cualquier caso, resulta perfectamente obvio que en nuestra especie un individuo desarrolla las habilidades, el rol social y el estatus de un panadero, mientras que otro se convierte en abogado o en oficial de policía, por medio de diferencias de entrenamiento y educación. Es difícil imaginar que puedan darse estas formas específicas de entrenamiento e instrucción sin la existencia de un sistema complejo de transmisión de competencias tal como el que proporciona el lenguaje humano.

Pero aun más interesante y fundamental es la necesidad de comunicación entre roles complementarios dentro de un sistema complejo. En este punto es útil establecer una comparación con un nivel más bajo de organización estructural, las relaciones entre las partes de un organismo multicelular. Todavía se cree, en general, que la diferenciación de tipos de células en el desarrollo de un organismo celular debe entenderse casi exclusivamente en términos de los procesos internos de la célula en particular, dirigidos por el genoma. Esta interpretación ha empezado a ser objeto de creciente y tal vez irresistible cuestionamiento. Pero lo que trasciende cualquier polémica es que el funcionamiento exitoso de ese sistema requiere un enorme grado de comunicación entre partes diferenciadas. El sistema nervioso y la circulación de hormonas y una variedad de otras moléculas biológicamente activas a través de los sistemas circulatorio y linfático son los más evidentes de esos sistemas de comunicación. La comunicación entre las partes parece ser un prerrequisito fundamental para el correcto funcionamiento de un sistema complejo.

Pero volviendo a los organismos, hay una gran variedad de sistemas de comunicación que facilitan las interacciones de diferentes clases de organismos. Cualquier organismo sexual tiende a establecer alguna forma de comunicación entre los sexos para poder negociar así los intereses involucrados en la actividad sexual. Los animales que viven socialmente siempre se comunican de alguna manera para negociar los conflictos o para establecer jerarquías de estatus dentro del grupo social. Estas formas de comunicación no son mínimas, pero tampoco son suficientemente sutiles como para sostener las funciones de interacción complejas características de las sociedades humanas. Entre los insectos sociales, la cooperación y la división del trabajo sin duda se mantienen por medio de formas de comunicación bastante sofisticadas. La más notable tal vez sea la danza de las abejas, una actuación muy elaborada con la que una abeja informa a sus congéneres la localización de una valiosa fuente de néctar. Pero finalmente es probable que sean más significativas las formas de comunicación químicas entre individuos que constantemente dirigen las conductas de todas clases, incluyendo la producción de tipos apropiados de individuos de reemplazo.

Por impresionantes que puedan ser estos sistemas, ni se aproximan a la complejidad y sutileza del lenguaje humano, que es sin dudas una condición necesaria de la compleja cultura de la que disfrutan las sociedades humanas, y de la diversidad de roles que éstas presentan. Por cierto, la vida de una hormiga soldado requiere el establecimiento de relaciones cooperativas con otras hormigas que abastecen de alimentos, y la fluida coordinación de estas actividades requiere de algún grado de comunicación. Pero vivir en una sociedad humana como sacerdote, plomero o político requiere una coordinación enormemente más compleja, en concordancia con el número de roles mucho mayor. Esta línea de argumentación es absolutamente neutral con respecto a si la coordinación de los roles sociales debe considerarse "altruista" en el sentido de individuos a los que realmente les importe promover el bienestar de otros, o si está exclusivamente basada en el puro interés personal. Aun si adoptáramos la visión economicista más extrema, en la que a ningún individuo le preocupa el bienestar de ningún otro, y todas las interacciones se realizan solamente si ambas partes las consideran ventajosas (o, por supuesto, si se los coacciona), incluso en ese caso existiría la necesidad de relacionarse en colaboración mutuamente provechosa, y esas transacciones requerirían un medio de comunicación complejo.

No hace falta decir que éstas son cuestiones muy complejas, y varios de los puntos mencionados en las últimas páginas son temas tratados en numerosos volúmenes. De manera que conviene que regresemos a la razón por la que estos asuntos se tratan aquí, y resumamos este capítulo. Primero, el lenguaje humano, al igual que el pescuezo de la jirafa o la cola del pavo real, han evolucionado hasta alcanzar un estado que puede considerarse de una clase diferente que los rasgos semejantes de sus parientes. No obstante, ello no implica nada problemático para la teoría que afirma que esos rasgos evolucionaron naturalmente, de manera gradual, a partir de una estructura ancestral muy diferente. Pero, en segundo lugar, a medida que el lenguaje humano evolucionó hizo posibles otros cambios de la vida humana, cambios que han distanciado aun más profundamente a nuestra especie de cualquiera de nuestros parientes. Aunque por cierto no acepto que sólo los seres humanos son capaces de pensamiento, o que sólo los humanos tienen conciencia, no hay ninguna duda de que las clases de pensamiento y las formas de conciencia de las que somos capaces son muy diferentes de las que caracterizan a las otras criaturas terrestres. Y la cultura humana, aunque no sin precedentes, implica la articulación y sincronización de una variedad de roles y funciones de una clase diferente a cualquier otra que conozcamos. Me siento tentado de seguir elaborando estos aspectos únicos del ser humano. Por ejemplo, ya he argumentado en otra parte que la interacción entre las metas individuales y las estructuras sociales arraigada en el lenguaje proporciona un espacio en el que pueda hallarse algo que genuinamente merece ser llamado libertad humana. No reproduciré aquí esa argumentación. Lo importante, por ahora, es tan sólo señalar que la continuidad evolutiva con respecto al resto de las formas de vida no significa que no existan rasgos de la existencia humana radicalmente diferentes de cualquier otro que pueda hallarse fuera de la esfera humana.

6
La naturaleza humana

LA SOCIOBIOLOGÍA

Una razón esencial de la importancia de la conclusión extraída en el último capítulo es que arroja dudas sobre la idea, cada vez más común, de que reflexionar sobre el proceso de la evolución iluminará profundamente la comprensión de la conducta humana. Esta idea ha aparecido bajo una variedad de formas desde que Darwin publicó su obra sobre la evolución, pero su encarnación moderna suele establecerse coincidiendo con la publicación, en 1975, de la monumental obra de E. O. Wilson, *Sociobiología: la nueva síntesis.*

En realidad, el libro de Wilson tenía veintisiete capítulos, de los cuales sólo el último y unas pocas oraciones provocativas de la introducción se referían directamente a la especie humana. En la introducción, Wilson predecía que la biología evolutiva, desarrollada en las direcciones propuestas por él, explicaría (¿anularía?) la ética, por no hablar de los "filósofos éticos". En el capítulo final, bosquejaba una lista de conocimientos referidos a la naturaleza humana que, según creía, podían alcanzarse a partir de las investigaciones evolutivas. El libro, tal como posiblemente lo habían pretendido sus editores y tal vez incluso el mismo Wilson, causó furor. Wilson fue acusado de racismo, sexismo y tachado de otros diversos rótulos, así como de ser un mal científico. Un grupo autodenominado Grupo de Estudio de Sociobiología de la Ciencia para la Gente, que incluía a algunos de los más distinguidos colegas de Wilson en Harvard –Stephen Jay Gould y Richard Lewontin (por quien, irónicamente, Wilson había pasado dificultades para lograr que fuera incorporado a Harvard)–, publicaron violentos ataques contra la obra.

El acalorado debate sobre sociobiología hizo que el tópico adquiriera cierta mala reputación, aunque también ganó el apoyo de un creciente grupo de seguidores que a mediados de la década de 1980 empezó a organizarse en torno de una versión de la sociobiología a la que denominaron psicología evolutiva, y que se ha convertido en su versión contemporánea más prominente. Entre los éxitos de este grupo se ha contado la actitud de ignorar o de caricaturizar a sus críticos, y la de concentrarse en establecer toda la parafernalia de un programa científico respetable y reconocido: publicaciones especializadas, conferencias, estudios de posgrado y cosas semejantes. Esta apariencia de respetabilidad científica, de lo que Thomas Kuhn famosamente describió como "ciencia normal" en su texto clásico *La estructura de las revoluciones científicas*, es ilusoria.

LAS CAUSAS DE LA CONDUCTA

Más allá de la sensación general de que la historia es esclarecedora, ¿por qué habría de esperarse que el pensamiento evolutivo echara luz sobre la conducta humana? Esta propuesta induce inmediatamente a plantear la cuestión de si se piensa que la conducta puede explicarse con mayor precisión teniendo en cuenta las características del agente, o si se cree que es más útil considerar el contexto en el que ese agente está situado. El planteo puede recordar la antiquísima proposición de la dupla innato-adquirido pero, por razones que luego quedarán claras, evitaré usar esa terminología aquí, y me referiré, más neutralmente, a cuestiones de estructura (del agente) y a cuestiones de contexto. En nombre de esta argumentación, supondré que las disposiciones de comportamiento de un agente en ciertas situaciones –por ejemplo, la disposición a comer cuando se lo enfrenta a un plato de ostras– pueden considerarse derivadas de los rasgos estructurales del agente, tal vez del cerebro del agente.

El contexto, por su parte, incluirá cosas tales como un comedor, un plato de sabrosos bivalvos, un tenedor, y demás. Este ejemplo banal sugiere de inmediato que la explicación de la conducta no puede articularse sin apelar tanto a la estructura como al contexto. Sin duda, no puedo comer ostras si no hay ostras en mi entorno inmediato. Pero el hecho de que como ostras cuando éstas se presentan adecuadamente ante mí, pero que me abstengo de comer barro si lo ponen en un plato delante de mí o, en el mismo sentido, me abstengo de comerme el plato mismo, son disposiciones que llevo conmigo cuando me siento a la mesa.

Hasta ahí todo es muy directo. Sin embargo, podríamos minimizar la importancia de la estructura proponiendo que las disposiciones que poseen los agentes humanos están en gran parte determinadas por el contexto al que han estado expuestos. De manera alternativa, podríamos imaginar que las disposiciones humanas se desarrollan de modo más o menos independiente de las experiencias particulares de cada individuo humano. Estas posibilidades nos conducen exactamente al antiguo problema de lo innato y lo adquirido, y definen posiciones más o menos extremas dentro de ese debate.

Las posiciones extremas son, por cierto, una gran parte del problema. En momentos de reflexión, casi todo el mundo coincide en que las disposiciones humanas se desarrollan como resultado de la interacción entre los atributos biológicos del organismo y el entorno en el cual ese organismo se desarrolla. Como ejemplo simple y bastante trillado, podemos decir que hay hechos biológicos que hacen que los humanos tiendan a aprender un lenguaje, pero el lenguaje que aprendan dependerá del lugar en que cada uno de ellos crezca. Pero a pesar de esas coincidencias reflexivas es común que los adversarios acusen a los psicólogos evolutivos de determinismo biológico, por sugerir a veces la idea de que la conducta aparece de manera independiente del entorno; y también es común que los psicólogos evolutivos acusen a sus críticos de respaldar el enfoque de la "pizarra en blanco" respecto de la mente humana, un enfoque según el cual las disposiciones humanas no están restringidas ni se ven afectadas de ninguna manera por la biología. Para atribuir a sus críticos una postura aun más agresiva y radical, ese enfoque ha sido calificado por algunos psicólogos evolutivos como "el Modelo Estándar de la Ciencia Social".

RECURRIR A LA EDAD DE PIEDRA

Sin embargo, es posible descubrir algunos desacuerdos más serios por debajo de esa retórica exagerada.

Uno de esos desacuerdos involucra temas fundamentales de la comprensión de los procesos evolutivos. Un argumento estándar desarrollado por los psicólogos evolutivos pretende demostrar que las raíces causales de la conducta humana en el cerebro deben ser inevitablemente entendidas como un mecanismo adaptado a las condiciones de vida de la Edad de Piedra y, por lo tanto, deben interpretarse como un reflejo de los procesos evolutivos de la Edad de Piedra. El argumento, superficialmente plausible, que respalda esta posición es el siguiente: es evidente que el cerebro es una estructura adaptable. Es una estructura, es decir que ha sido equipada por la evolución para cumplir con las necesidades del organismo. Pero el cerebro es también una estructura que, al igual que todas las estructuras fisiológicas, está construida según las instrucciones de los genes. Por lo tanto, los genes deben haber sido seleccionados para producir esta estructura adaptable. Pero –prosigue la argumentación– la selección de los genes necesarios para producir una estructura tan compleja insumiría un período de tiempo muy prolongado, sustancialmente más extenso que el tiempo durante el cual han existido los seres humanos. El período más largo durante el cual los humanos modernos evolucionaron a partir de sus antecesores prehumanos y, en particular, desarrollaron su cerebro característicamente grande, suele identificarse como el pleistoceno, o el período tardío de la Edad de Piedra. Entonces, finalmente, es con respecto a ese período de la historia que el cerebro se adaptó en tanto estructura. La reflexión y la investigación sobre las condiciones que nuestros ancestros humanos encontraron durante ese período debería proporcionarnos la clave para identificar las tendencias de la conducta de los humanos contemporáneos.

LA FALACIA GENOCÉNTRICA

Una premisa crucial de esta argumentación es la idea de que los rasgos adaptativos de los organismos sólo pueden ser permanentemente incorporados dentro de un linaje si están "codificados" en los genes. Esta premisa sigue siendo una suerte de dogma del pensamiento evolutivo, y se asocia también con la perspectiva genocéntrica de la evolución que ha ganado gran popularidad, tanto entre el gran público como en ciertas corrientes de la teoría profesional, gracias a la obra de Richard Dawkins. Sin embargo, es absolutamente errónea y, de hecho, tal vez sea el mayor obstáculo para el avance del pensamiento biológico sobre la evolución y otros temas importantes.

La deficiencia más obvia y más ampliamente reconocida de esta posición es que descarta la posibilidad de la evolución cultural. Las pautas de conducta pueden ser imitadas por los congéneres, y los cambios adaptativos en una pauta de conducta pueden seleccionarse por medio del mayor éxito reproductivo de los organismos que los adoptan. Se puede poner como ejemplos familiares de esos rasgos de transmisión extragenética el canto de los pájaros y, en muchas especies, la elección de las presas. En el caso de los humanos, esa situación predomina. Los humanos aprenden un vasto repertorio de conductas de sus padres, maestros, pares y otros modelos de rol. A veces, la innovación de las conductas está dirigida específicamente a conseguir un propósito adaptativo y, sea o no de ese modo, con frecuencia la innovación se transmite a individuos novatos. No estoy defendiendo la eficacia de esta clase de transmisión comparada con la transmisión genética, sino que tan sólo insisto en que es real (y por lo tanto posible). De una manera un tanto irónica, dado el modo en que su obra ha sido ampliamente entendida, Dawkins reconoció y trató explícitamente el tema de la evolución cultural en su primer libro, el más influyente, *El gen egoísta*.

Es importante dejar sentado que la evolución no-genética es indiscutiblemente posible, y eso queda establecido en el punto precedente. Sin embargo, la posibilidad de la evolución cultural no resuelve el núcleo de las dificultades que presenta la perspectiva genocéntrica que alimenta gran parte de las teorizaciones contemporáneas. El problema central es que el rol de los genes en la evolución ha sido gruesamente malinterpretado. Aún se afirma que los genes portan un mapa del organismo, recetas para reunir organismos y cosas por el estilo. Los consumidores de ciencia ficción están familiarizados con la idea de que, con suficiente habilidad, sería posible leer los rasgos de un organismo con el simple conocimiento de la secuencia de los pares básicos del genoma. En un nivel más sofisticado, muchos biólogos aún respaldan el "dogma central" que afirma que la información acerca de la estructura biológica emana exclusiva y unidireccionalmente del genoma. Ahora es posible ver que todo eso es profundamente erróneo.

En los primeros días de la genética, los genes eran entidades hipotéticas identificadas como la causa de los rasgos particulares de los organismos. Cuando se descubrió la estructura del ADN, en 1953, junto con el mecanismo por el cual el ADN se replicaba a sí mismo, era natural identificar el anterior concepto del gen con la cadena de ADN. Cuando más tarde se descubrió que la cadena de ADN dirigía la construcción de proteínas, se generalizó la idea de pensar en un gen como la cadena de ADN que dirigía la producción de una proteína, o la "codificaba". Sin embargo, esta idea presentaba una dificultad inmediata: en general, la producción de una proteína se halla a una gran distancia causal de los rasgos que han sido el tema de la genética clásica. Aún es común escuchar referencias a los "genes" con respeto a uno u otro rasgo: el color de los ojos, la inteligencia, la estatura, la homosexualidad y otros por el estilo. Pero resulta vital recordar que, aunque la producción de proteínas particulares es necesaria para la presencia de muchos rasgos, nunca alcanza como causa suficiente. Además, ya ha quedado en claro que gran parte del genoma, el ADN del organismo, no codifica ninguna proteína. Se sabe que algunas partes regulan la producción de proteínas, y otras no tienen ninguna función conocida y a veces se las denomina la "basura" del ADN. Finalmente, incluso aquellas partes del genoma que sí codifican una proteína no son específicas típicamente de una única proteína. Diferentes partes de un gen especifican subunidades de proteínas que pueden ensamblarse, a veces usando productos de otros genes, y constituir una variedad de proteínas. De esa manera, un modo mejor de pensar el genoma es considerarlo como una biblioteca de recetas. Por otra parte, cuál sea la receta implementada es algo que suele estar determinado por rasgos celulares muy diferentes del ADN nuclear.

Así, un buen punto de partida para una adecuada apreciación de la función de los genes es advertir que la información necesaria para la construcción de un organismo, lejos de resumirse en el ADN, debe incluir al menos una célula completa, que es en realidad la etapa más pequeña del ciclo de vida de cualquier organismo. La célula contiene gran parte del material y de la estructura sin los cuales el ADN sería absolutamente inerte e insignificante; su "información" no podría ser "leída". Pero la célula misma posee una gran cantidad de estructura interna aparte de aquella que "lee" el ADN. Todo ello se transmite en la reproducción y es esencial para el desarrollo del organismo: la reproducción es mucho más que la transmisión del ADN. He dicho que hay partes del genoma que en general no pueden correlacionarse con rasgos del organismo. Eso es algo que no debería resultar sorprendente en cuanto advertimos que existe una gran variedad de recursos, incluso a nivel celular, que deben ser transmitidos para que pueda desarrollarse un nuevo organismo.

Las recientes investigaciones en el campo de la biología molecular desdicen de manera aun más directa algunos presupuestos centrales del dogma, que afirma que la información sólo se transmite desde el genoma y nunca hacia él. Ahora se sabe que existen mecanismos mediante los cuales la célula actúa sobre el genoma para afectar así las circunstancias en las que se expresan los genes. La base química de uno de esos importantes mecanismos se conoce con el nombre de metilización. Técnicamente, se trata de la adición de un grupo metílico (CH_3) a la base C (citosina) en la que C es seguida por G (guanina). La metilización disminuye la posibilidad de que un gen se exprese. Los ejemplos más conocidos explican las diferentes probabilidades de expresión de genes heredados por vía paterna y materna como consecuencia de las diferentes pautas de metilización en las células masculinas y en las células femeninas. Se especula con la posibilidad de que esas diferencias reflejen respuestas evolutivas a los conflictos de interés entre madres y padres. Pero la metilización también se produce durante todo el curso de la vida de un organismo y evidentemente desempeña un papel vital en los procesos por medio de los cuales se diferencian en el desarrollo los distintos tipos de tejidos. No siempre se advierte que, como los esquemas de metilización son invisibles a los procesos estándar de secuenciación del genoma, eso proporciona una evidencia incontrovertible de que la secuencia del genoma especifica de manera inadecuada incluso los recursos biológicos heredados del organismo.

Estos detalles técnicos son de gran importancia para desautorizar las razones –incluso las que parecen más sólidas– que sirven para dar un lugar excesivamente crucial al genoma, tanto en el desarrollo como en la evolución. Y, aun más importante para un conocimiento general de la biología, la concepción del genoma como único depositario de la información hereditaria sobre el organismo ha servido para mantener una escisión –en última instancia, desastrosa– entre las teorías de la evolución y las teorías del desarrollo. Esa concepción ha permitido a los evolucionistas dar al desarrollo un estatus de "caja negra", considerándolo como algo que puede ser adecuadamente estipulado en cualquier momento por el estado en que se encuentra el genoma. En consecuencia, la evolución se convierte en la mera descripción de una secuencia de genomas, sin interés por los complicados procesos que llevaron a un genoma de una generación a otro genoma en la generación siguiente. El tema común al trabajo más interesante de la biología teórica contemporánea es la insistencia en reunir evolución y desarrollo. Una manera de hacerlo que ha cobrado cada vez mayor importancia es por medio de la denominada teoría sistémica del desarrollo (TSD) ya mencionada en el capítulo 2. La TSD afirma que la unidad más pequeña a partir de la cual pueden entenderse adecuadamente los procesos evolutivos es el ciclo completo del desarrollo, a partir de una etapa del ciclo de vida y pasando por todas las etapas intermedias necesarias para reproducir esa etapa en la generación siguiente. Según este encuadre, el genoma es tan sólo un recurso del desarrollo –sin duda, un recurso muy importante– entre otros recursos necesarios para completar las diversas etapas del ciclo de vida. El genocentrismo de Dawkins proporciona una respuesta específica a la famosa pregunta sobre el huevo y la gallina: lo primero fue el huevo. La TSD proporciona la respuesta más plausible desde un punto de vista intuitivo: ninguno, o los dos. La gallina no es más que la manera que tiene el huevo de hacer otro huevo, así como el huevo es la manera que tiene la gallina de hacer otra gallina. Si se tiene en cuenta la diversidad de recursos que deben encontrarse o reproducirse para poder completar el ciclo de vida, también podríamos decir, con el mismo sentido, que el pájaro es la manera que tiene un nido de hacer otro nido. Todo aquello necesario para la reproducción o para el ciclo del desarrollo es igualmente necesario para entender la trayectoria evolutiva del organismo.

LA PSICOLOGÍA EVOLUTIVA

Después de lo que puede haber parecido una digresión bastante extensa, nos encontramos ahora en condiciones de considerar qué es aquello fundamentalmente equivocado en la argumentación principal de la psicología evolutiva, que considera que nuestra especie se adaptó atávicamente a la vida en la Edad de Piedra, y que por lo tanto está mal adaptada a la vida en nuestra era. Es posible que el genoma no haya experimentado suficientes cambios en la transición de la vida en la Edad de Piedra a la existencia urbana contemporánea, pero el genoma es sólo uno de los numerosos recursos que determinan el desarrollo de los seres humanos contemporáneos. Resulta obvio que los recursos externos al organismo son muy diferentes, y en ciertos aspectos mucho más ricos. Las escuelas, la televisión, los libros no existían unos siglos o milenios atrás, y no hay duda de que han contribuido enormemente al desarrollo del cerebro humano contemporáneo. Por cierto, el genoma limita los posibles resultados del desarrollo humano. Por ejemplo, para nosotros puede resultar imposible pretender mantener una vida social de la clase que tienen las hormigas o las abejas. Pero la exploración de esas limitaciones debe llevarse a cabo por medio de investigaciones empíricas de las diversas conductas de los diferentes grupos humanos, y de ninguna manera por medio de la especulación acerca de cómo debe haber sido la vida en el pasado remoto. En general, tal como han repetido desde hace mucho tiempo los antropólogos no corrompidos por la dudosa teoría biológica, hay evidencias que indican la existencia de una gran flexibilidad en el desarrollo humano.

Hasta el momento en este capítulo me he concentrado en exponer argumentos generales sobre la necesidad de entender la conducta humana en términos evolutivos. Es importante abordar esos argumentos porque aparentemente mucha gente supone que demuestran que la psicología evolutiva debe ser el enfoque correcto según el cual investigar la conducta humana. Tal vez el hecho de que se suponga que la atención a los orígenes es la clave para entender la naturaleza de algo sea un interesante remanente de la cosmología teológica. Por cierto, si se pueden atribuir los orígenes de algo a un diseñador inteligente, las intenciones del diseñador son, por cierto, el mejor lugar donde buscar para lograr verdadera comprensión de la cosa en cuestión. Y resulta notable que los más fervorosos partidarios de considerar la evolución como fuente del saber contemporáneo sean los que más se esfuerzan por reintroducir el concepto del diseño. Pero por supuesto, el diseño no es más que una metáfora con respecto a los organismos, y parece ser una metáfora extremadamente peligrosa (tal vez debería denominarse la Peligrosa Metáfora de Dennett).

LA (FALTA DE) EVIDENCIA DE LA PSICOLOGÍA EVOLUTIVA

Otra razón para abordar argumentos muy generales en favor de la psicología evolutiva es que, por lo que parece, sólo la convicción que ellos suscitan es capaz de explicar la irrisoria calidad de la evidencia que resulta aceptable para confirmar afirmaciones más específicas. Es importante subrayar la dificultad de la tarea que la psicología evolutiva ha definido como su objeto. Cuando un evolucionista se propone explicar la longitud del cuello de la jirafa debe enfrentar serios escollos, tal como ya lo he expuesto en los capítulos anteriores. Pero al menos no existen serias dudas con respecto a que las jirafas tienen cuellos largos. Por contraste, el psicólogo evolutivo habitualmente propone una tesis sobre la naturaleza humana ofreciendo simultáneamente una explicación del rasgo planteado como hipótesis. Así, por ejemplo, sobre la base de una argumentación más bien abstracta acerca de que los desertores suelen subvertir los acuerdos cooperativos, y sobre la importancia evolutiva de detectar esos intentos subversivos, se propone que la mente humana está especialmente adaptada para detectar los intentos de deserción de las leyes sociales. En la terminología favorecida por estos teóricos, se postula que existe un módulo especial destinado a detectar los engaños. Desafortunadamente, como en la mayoría de esos casos, resulta perfectamente evidente desde el principio que las personas tienen cierto interés en detectar las violaciones de las reglas sociales, y buenas y obvias razones para justificar ese interés. No será tarea fácil proporcionar un argumento convincente de que la conducta tendiente a satisfacer ese interés no debe explicarse sencillamente como una manera perfectamente sensata de actuar, sino como una clase de acción impulsada por una parte de la mente especialmente diseñada para ese propósito. Por otra parte, si uno está convencido *a priori* de que algo semejante a esto debe ser cierto, es probable que la tarea resulte bastante más sencilla.

Existen algunas estrategias de argumentación más o menos basadas en evidencias que se esgrimen para justificar la proposición de que la conducta humana contemporánea se origina en las condiciones reinantes en la Edad de Piedra –o en otras igualmente remotas–, y me dedicaré a considerar algunas de ellas en las partes finales de este capítulo. Una estrategia común en las presentaciones populares de los argumentos evolutivos es la comparación con los animales. Los ciervos rojos o los elefantes marinos luchan entre sí hasta el extremo de producirse heridas fatales cuando compiten por tener acceso a mayor número de hembras, entonces tal vez los hombres tengan disposición a hacer lo mismo. Se ha observado que las hembras de muchas especies de pájaros suelen escurrirse a hurtadillas para mantener relaciones sexuales con otros machos por fuera de su pareja primaria, de modo que probablemente las mujeres tendrán también tendencias semejantes. Se ha observado que los machos de diversas especies matan a las crías que su pareja ha procreado con otros machos, de manera que no debemos sorprendernos si los padrastros humanos tienen una conducta violenta con sus hijos no genéticos. Y así sucesivamente.

La irrelevancia de estas comparaciones puede parecer obvia a partir de la simple observación de que las especies comparadas deben ser elegidas con gran cuidado: muchas otras especies no exhiben ninguna clase de conducta similar. Sin embargo, esta argumentación puede interpretarse de manera diferente. Tal vez las comparaciones demuestran que la conducta en cuestión pertenece al rango de características que pueden evolucionar por medio de la selección natural, y que si encontramos algunos casos de esa conducta en cuestión entre los humanos tendremos buenas razones para suponer que se ha desarrollado una tendencia importante. Una primera respuesta a esta versión es señalar un punto absolutamente estándar del pensamiento evolutivo: la distinción entre analogía y homología. La homología refiere a la situación en la que especies diferentes tienen un rasgo similar por descender de un antecesor común que poseía una versión ancestral de ese mismo rasgo. Así, para dar un ejemplo clásico, la aleta de la ballena y el ala del murciélago tienen una estructura ósea similar, y se cree que el motivo es que ambos poseen un antecesor común muy diferente pero de esqueleto similar. Los rasgos son homólogos. Por otro parte, el ala de un pájaro y el ala de un murciélago pueden ser muy similares en algunos aspectos, reflejando de ese modo las presiones selectivas similares ejercidas por las leyes de la aerodinámica, pero esas similitudes son tan sólo análogas, ya que sin duda evolucionaron independientemente la una de la otra. Si se rastrea en busca de un antecesor común de ambas especies, es necesario pasar por muchas especies que no tienen ninguno de los rasgos relevantes, de manera que podemos estar seguros de que esos rasgos evolucionaron independientemente.

Casi sin excepción, los paralelos que se establecen para respaldar la psicología evolutiva humana son, en el mejor de los casos, ejemplos analógicos. Y el hecho de señalar esas analogías no nos dice nada acerca de la verdadera trayectoria evolutiva de un rasgo. Sin duda, puede decirnos que existe una tendencia evolutiva a adquirir dichos rasgos, pero también, dadas las especies diferentes que acabamos de mencionar, que esa tendencia es contingente respecto de otros factores.

Pero, por supuesto, en la medida en que los rasgos en cuestión son al menos una parte del repertorio de la conducta humana, no existe duda de que aparecen en ciertas circunstancias. Si empleamos el término "evolución" en el sentido más amplio posible, podemos decir que han evolucionado. El problema, como ya lo he expresado en detalle anteriormente, es que la evolución, en un sentido amplio, incluye la clase de procesos culturales que la psicología evolutiva precisamente se propone rechazar. ¿Cómo podemos decidir cuál de las diferentes clases de proceso evolutivo es la explicación de los rasgos de conducta particulares?

EL CAMPO ADECUADO DE LA EXPLICACIÓN GENÉTICA

Si se tiene en cuenta que el núcleo de la argumentación general de la psicología evolutiva sitúa la genética como centro de la explicación de la conducta humana, debemos preguntarnos qué distingue a los fenómenos apropiadamente explicados de esta manera. Es natural pensar que deberíamos explicar los fenómenos genéticamente si éstos se desarrollan de manera en general insensible a las contingencias del entorno. Partiendo de la idea de que los rasgos de los organismos se desarrollan a través de un proceso de interacción entre los factores biológicos y ambientales, podríamos acentuar una u otra clase de factor en la medida en que el fenómeno en cuestión es independiente del impacto del factor dejado de lado. El hecho de que un niño aprenda a hablar francés es en gran medida independiente de sus peculiaridades genéticas y está casi por completo determinado por el hecho ambiental de haber crecido en un país donde se habla francés. El hecho de que tenga ojos azules, por otra parte, parece tener poca relación con el entorno, y se origina seguramente en la circunstancia de tener cierta herencia genética. Sin embargo, debemos señalar que muchos rasgos de los organismos no pueden ser clasificados según este patrón. Pensemos, por ejemplo, en el hecho de que la gran mayoría de los humanos aprenden a hablar alguna lengua u otra. Esta tendencia puede ser desbaratada por alguna anormalidad biológica suficientemente profunda, por ejemplo por alguna anormalidad genética, pero también puede desbaratarse debido a condiciones ambientales anormales, especialmente por carencia de un lenguaje ambiental en el entorno del niño. Los niños biológicamente normales rodeados de un entorno humano normal aprenderán un lenguaje, pero parece erróneo atribuir este hecho a la biología o al entorno. De modo tal vez menos obvio, lo mismo puede decirse de consecuencias tan típicas del desarrollo como el hecho de tener cuatro miembros. Si todo está bien, las personas tienen cuatro miembros, pero, como en el caso del lenguaje, tanto los azares biológicos desafortunados como los percances del entorno pueden impedir que así sea. Y en otros casos, como ocurre en el desarrollo de un hígado con funcionamiento normal, hay rasgos sin los cuales el organismo no llega a desarrollarse en absoluto. Pero incluso en esos casos, el buen funcionamiento de los genes y también factores ambientales tales como una nutrición y una protección adecuadas son requerimientos esenciales para el desarrollo exitoso de los rasgos.

A partir de este razonamiento podemos inferir que la explicación genética resulta apropiada para los rasgos que aparecen en algunos de los miembros de una especie pero no en todos, y para los cuales la diferencia entre su aparición y su no aparición es atribuible a diferencias en los genes. Éste es, por cierto, el objeto de investigación de las ciencias de genética de la conducta y, en un registro mucho más abstracto, de la genética demográfica. Sin embargo, la psicología evolutiva sigue un camino muy distinto. La mayoría de las veces procura identificar rasgos típicos o universales de la psicología humana para alegar más tarde que esos rasgos tienen explicación genética. Los rasgos típicos o universales de una especie en realidad deberían explicarse en términos de desarrollo. Por supuesto es cierto que, para llegar a desarrollarse de manera adecuada, casi todos los rasgos requerirán genes que funcionen normalmente. Pero, como ya señalé anteriormente, requerirán también otras cosas. Lo que es importante, además de un conocimiento pleno del desarrollo –que es un objetivo aún muy distante–, es conocer cuáles aspectos variables del desarrollo podrían afectar o incluso impedir la aparición del rasgo. La psicología evolutiva suele dar la impresión de que sólo las variables genéticas pueden afectar o impedir la aparición de los rasgos psicológicos típicos de los humanos. Pero no tiene una argumentación coherente que respalde esa afirmación. Así, tal aserción no sólo induce a error sino que también es nociva, ya que tiende a descartar la posibilidad de que los rasgos psicológicos puedan depender en alto grado de los factores ambientales y ser, por lo tanto, susceptibles al cambio.

Si nos concentramos en el hecho de que los rasgos que la psicología evolutiva pretende explicar suelen ser casi siempre poco comunes, por cierto resulta fácil confundirse. Por ejemplo, una notoria tesis reciente se ha centrado en proporcionar una explicación evolutiva de la violación. Como la mayoría de los hombres no violan, uno podría imaginar que se trata de la explicación de un rasgo variable en términos de variaciones genéticas. Pero sería un error. La psicología evolutiva no sugiere que algunos hombres tienen genes mutantes que los impulsan a violar, sino más bien que es normal en los hombres una disposición a violar. Según se dice, esa disposición forma parte de un conjunto variable de estrategias sexuales. El hecho de que la mayoría de los hombres no viole es consecuencia de que la mayoría de los hombres son suficientemente afortunados de no encontrarse en circunstancias (estatus bajo y por lo tanto poco acceso a mujeres dispuestas a recibirlos) en las que la violación se convierte en la estrategia óptima y, en ese contexto, está biológicamente determinada. Mi opinión (aunque debo admitir que hay feministas radicales, además de psicólogos evolutivos, que no coincidirán conmigo) es que la mayoría de los hombres no tienen ninguna disposición a la violación. De hecho, incluso tal vez no tengan ninguna disposición a coaccionar violentamente a nadie a que haga algo. La disposición a violar es una consecuencia del desarrollo defectuoso y, aunque es posible que sea resultado de defectos genéticos, resulta mucho más plausible la hipótesis de que se trata, habitualmente, del resultado de un entorno muy por debajo del estándar. Más precisamente, la violación como anomalía genética no serviría a los propósitos teóricos de la psicología evolutiva. Es muy improbable que ser un violador obligado sea una estrategia evolutiva exitosa, y ningún psicólogo evolutivo que yo conozca ha sugerido que pueda serlo. Si la disposición a violar es una falla del desarrollo, ya sea por causas genéticas o ambientales, no debería existir para ella ninguna explicación selectiva, y quedaría fuera del campo de la psicología evolutiva.

El ejemplo anterior, aunque reconozco que está al borde de lo respetable incluso para la psicología evolutiva, señala muchas de las deficiencias principales de ese proyecto seudocientífico. Está basado en una genética simplista que da forma a una concepción ingenua del proceso evolutivo. Pasa completamente por alto los procesos de desarrollo, la caja negra dentro de la que sería sensato buscar las causas de los buenos y los malos resultados del desarrollo. Y por proporcionar una explicación falsamente causal de muchos indeseables resultados del desarrollo (violencia, codicia, depredación sexual y demás) en un terreno que está fuera del alcance tanto del control social como del individual, es pernicioso pues desalienta las investigaciones serias sobre la manera en que podrían obtenerse resultados más satisfactorios del desarrollo.

¿El conocimiento de la evolución no puede decirnos nada acerca de cómo somos? Deseo sugerir que, en el nivel de especificidad que pretende un proyecto como la psicología evolutiva, la respuesta es casi seguro que no. Una manera sencilla de reforzar esta conclusión es reflexionar sobre la diversidad de los productos de la evolución. Todos han evolucionado, y sin embargo los resultados son casi inconcebiblemente diferentes. De manera que el hecho de la evolución poco puede decirnos sobre sus productos. Es cierto que hay signos importantes de los orígenes comunes de diferentes formas de vida terrestre. Irónicamente, la más notable es el genoma. No sólo los más diversos organismos comparten la misma estructura básica del gen y el patrón de traducción del ADN a las proteínas (el código genético), sino que también resulta que el complemento de los genes es sorprendentemente similar. Con frecuencia se señala que nuestros genomas han resultado un 98,4% idénticos a los de los chimpancés. Se nos invita a concluir que somos, contrariamente a lo que indicaban nuestras inflacionadas expectativas, un 98,4% idénticos a los chimpancés. Pero si eso significa algo (cosa que dudo), seguramente es algo falso. La inferencia correcta es, por supuesto, que ni nosotros ni los chimpancés somos idénticos a nuestros genomas. El hecho de que usualmente no se extraiga esta conclusión es una prueba que justifica muchos volúmenes en favor del poder que ha ganado la mitología genética en el mundo contemporáneo. De manera más general –y ésta es la ironía a la que me refería antes–, en la medida en que los genomas se encuentran entre los rasgos más invariables de los diferentes organismos, son en realidad el último lugar donde deberíamos esperar que se encontrara explicación de los rasgos más específicos de los organismos. Los detalles de la mente humana, en particular, son los parámetros de un rasgo único y exclusivo de una especie en particular.

El punto crucial exigido por la diversidad de los resultados evolutivos es el empirismo. Tal vez el mayor defecto de la psicología evolutiva sea su propósito de inferir la naturaleza humana de principios teóricos, en vez de describirla sobre la base de la observación. Ocasionalmente suele decirse que la psicología evolutiva no es más que un recurso para generar hipótesis interesantes para la investigación, y que en ese papel es bastante inofensiva, aunque mi propia lectura de su trayectoria no sugiere que haya sido demasiado fructífera. Además, esa modesta declaración de ambiciones no es sincera. Eso es obvio si se considera la escasez de evidencias que suele aceptarse como confirmación de las hipótesis elaboradas por los psicólogos evolutivos. No se trata de que esas evidencias no existan. De hecho, las hipótesis suelen ser tan banales que sería extraordinario que no hubiera evidencias que las confirmaran. El hecho de que los hombres tienden a la poligamia y ocasionalmente cometen violaciones; o que los padrastros con frecuencia tratan a sus hijastros peor que a sus hijos biológicos, para tomar algunas de las afirmaciones centrales de la psicología evolutiva, no son ninguna novedad. El hecho de que estas generalizaciones estén confirmadas por algunas investigaciones no nos dice nada en absoluto sobre por qué son ciertas, en la medida en que lo sean. Solamente una profunda convicción de que los métodos promovidos por la psicología evolutiva encarnaban una profunda sabiduría podría conducir a alguien a imaginar que estas investigaciones podían marcar un camino para entender correctamente el más frustrante objeto de la investigación científica, la mente humana.

7
Raza y género

El capítulo anterior trató el tema de la relevancia del pensamiento evolutivo con respecto a ciertas clases particulares de conducta. Un aspecto diferente, aunque sin duda relacionado con ese tema, es la relevancia de las ideas evolutivas para la división de las personas en diferentes clases. El último capítulo también consideraba la división del trabajo que caracteriza, en menor o mayor medida, a todas las sociedades humanas. Aunque la división del trabajo es claramente positiva, en tanto permite enormes ganancias en lo referido a la eficiencia (tal como lo demostró Adam Smith por medio de su icónico ejemplo de la fábrica de alfileres), también funciona como base de asociaciones menos positivas de personas, estableciendo clases con estatus diferentes. Sea o no un mal evitable, la división del trabajo asocia, por cierto, categorías de trabajo con categorías de personas definiéndolas de manera biológica o cuasi biológica. Las barreras laborales, que establecen un techo restringido, impuestas a las mujeres, y las oportunidades limitadas de las personas de color son problemas familiares y muy difundidos en las sociedades occidentales. Los defensores de estas inequidades *prima facie* suelen apelar a las diferencias biológicas entre los grupos para justificar su existencia. Aunque es importante que no creamos que la legitimidad de la discriminación depende del resultado del debate biológico, es útil señalar que el estado actual del saber biológico no suministra razón alguna para suponer que los grupos diferenciados por el sexo o la raza poseen capacidades diferentes que podrían explicar el hecho de que ocupen lugares diferentes dentro de la división del trabajo. Este capítulo se ocupará de lo que el pensamiento evolutivo puede decirnos acerca de esas categorías y, más importante aun, de lo que no puede decirnos. El estatus biológico de las dos clases de categorías involucradas en la discusión es muy diferente, y nos ocuparemos de cada una de ellas por turno. Desde una perspectiva biológica, es más sencillo abordar el tema de la raza. El tema del sexo (o género: la diferencia se considerará más adelante) es bastante más complejo.

RAZA

Se coincide universalmente en que sólo existe una especie humana, pero durante largo tiempo se supuso que existían subgrupos biológicamente significativos, probablemente sin alcanzar el estatus absoluto de subespecies, sino más bien con el estatus de lo que se conoce, en el campo de la biología, como razas geográficas. Por otra parte, es común en la actualidad que los biólogos afirmen, sobre la base de la investigación genética, que el concepto de raza humana ha demostrado carecer de sentido. Richard Lewontin y Stephen Jay Gould han sido los exponentes más importantes de la corriente que ha afirmado que los humanos constituyen, en el plano genético, una especie relativamente homogénea, y que la variación que existe no se da entre poblaciones biológicas. En realidad, hay mucha más variación genética dentro de un grupo racialmente definido que entre dos de esos grupos. Según el presupuesto de que el propósito de clasificar es expresar información acerca de aquello que se clasifica, esta observación sugiere que clasificar por raza es, al menos desde un punto de vista biológico, inútil e insignificante.

Sin embargo, las cosas son un poco más complicadas. Para conferir algún sentido a esta clasificación, debemos empezar por distinguir la raza como concepto biológico y la raza como concepto sociológico. No hay duda de que este último concepto es de gran importancia en muchas sociedades. El estatus, el acceso a los bienes sociales (principalmente los trabajos deseables), y muchas otras circunstancias de gran importancia para las personas, se ven afectados por el grupo racial que la sociedad en general asigna a los individuos. Habitualmente, los miembros de una sociedad aprenden a hacer esa asignación casi sin pensarlo, sobre la base de unas pocas características superficiales. Cuando las clasificaciones raciales son incorporadas a las regulaciones oficiales, con frecuencia se emplean criterios complejos para determinar la pertenencia de individuos problemáticos, por ejemplo de individuos con una ascendencia de diversas mezclas raciales. Dada la existencia de esta idea de raza sociológica, podemos plantear la pregunta de si existe alguna base biológica importante de este concepto. Y la respuesta es decididamente negativa. Existen, sin duda, típicos correlatos genéticos de los rasgos que se emplean para emitir juicios raciales –primordialmente, el color de la piel y los rasgos faciales–, pero eso es todo. El color de la piel, casi con seguridad una adaptación a climas fríos o soleados, es una característica superficial, que se desarrolla y se pierde rápidamente cuando los grupos de gente se desplazan de un clima a otro, y es una característica desarrollada por muchos grupos distintos en diferentes épocas y lugares.

Sin embargo, podemos plantearnos la posibilidad de que exista otro concepto de raza que revele un interés biológico más serio. Una interesante argumentación, obra del biólogo Massimo Pigliucci y del filósofo

Jonathan Kaplan, afirma que existe otro concepto. La idea que plantean puede abordarse por medio de la consideración de la textura más fina de la evolución humana. Como existe sólo una especie humana, cualquier grupo escindido del linaje humano que haya alcanzado una plena separación de la estirpe progenitora evidentemente se ha extinguido. No obstante, en el caso de una especie tan grande y geográficamente extendida como el *Homo sapiens*, podemos estar seguros de que han existido, en diferentes épocas, poblaciones temporariamente más o menos aisladas que adquirieron algún grado de adaptación específica a sus circunstancias ecológicas particulares. En realidad, los trabajos recientes realizados sobre la evolución de la resistencia desarrollada por las plantas contra las toxinas locales sugieren que ese aislamiento de las poblaciones circundantes no es requisito esencial para una adaptación local cuando las presiones selectivas del entorno son fuertes. Estas variaciones, que no alcanzan para nada el valor requerido para diferenciar especies, reciben el nombre de ecotipos y se presentan en muchas especies diferentes. Sin dudas, en algunos casos un ecotipo diferente puede ser la primera etapa de una progresión que culminará en una especie diferente. Pero en una especie como la nuestra, dada a la migración y a la exogamia, ese caso aparentemente no se presenta. Lo que sí tenemos, según Pigliucci y

Kaplan, son ecotipos más o menos diferentes, o sus remanentes, dispersos a través de grandes poblaciones politípicas.

El primer punto que debemos señalar sobre esta hipótesis es que no tiene ninguna relación con el concepto sociológico de raza. En primer lugar porque sus enunciaciones son mucho más finas y detalladas. Casi todos los conceptos sociológicos de "negro", por ejemplo, no sólo incluyen los diversos pueblos de ascendencia africana, sino incluso a los indígenas de Australia. Estos pueblos constituirían seguramente un gran número de ecotipos diferentes, y muchos de ellos estarían más próximos a algunos ecotipos no clasificados como negros que a otros ecotipos negros.

Dado que este concepto es tan diferente del concepto sociológico de raza, corresponde que nos preguntemos qué se gana promoviéndolo. Una respuesta que despierta en mí cierta simpatía es simplemente que siempre es mejor tener una respuesta más precisa. Pero además esta explicación nos ayuda a entender mejor algunos aspectos desconcertantes de la diferencia racial. Por ejemplo, aunque con frecuencia se afirma que la raza no tiene ninguna base biológica, esta aseveración suele carecer de convicción, debido a que para mucha gente existen, intuitivamente, obvias categorías raciales. La exposición más compleja ofrecida por Pigliucci y Kaplan contribuye a explicar ese fenómeno que a las personas les resulta obvio, dejando en claro al mismo tiempo que el concepto intuitivo de raza agrupa a grupos diversos de personas que tal vez no tengan nada en común fuera de formar parte de la especie humana. Sin suponer en ningún momento que la existencia de esta explicación acabará de inmediato con todos o siquiera con algunos de los profundos problemas sociales asociados con la clasificación y la discriminación racial, de todas maneras me parece que con ella se da un pequeño paso en la dirección correcta.

Existe además una razón más sutil para considerar que esta versión puede contribuir a desactivar algunos de los fundamentos intuitivos de las personas que se toman demasiado en serio las categorías sociológicas raciales, amplias y muy generales. Contrariamente a la convicción de que la investigación biológica no demuestra que pueda hallarse nada demasiado contundente común a todas las personas clasificadas como negras, el observador casual probablemente advierta, por ejemplo, que las personas negras son evidentemente más exitosas en algunos deportes, y esa característica presumiblemente es más profunda que el color de la piel. Si los negros son más atléticos, ¿por qué los blancos no podrían ser mejores en el ámbito del pensamiento, tal como supuestamente lo sugieren los estudios muy difundidos sobre raza y coeficiente intelectual? Tal como lo señalan Pigliucci y Kaplan, el problema de la aseveración "los negros son más atléticos" es que la información genuina está engullida por la clasificación, que es demasiado general y carente de sentido. Probablemente sea cierto que las personas de cierta parte de Kenya son considerablemente mejores que la mayoría de la gente cuando se trata de correr una maratón. Es muy probable que un ecotipo de ascendencia kenyana pueda haber desarrollado el rasgo de una extraordinaria resistencia física. Y probablemente existan también otros ecotipos negros (y sin duda, también no negros) con tendencia a una cierta aptitud física. El error es interpretar estas categorías biológicas muy locales en términos de categorías raciales generales y amorfas.

Es necesario señalar que estos debates sobre la raza y el coeficiente intelectual presentan además otros problemas. Primero, una gran parte de los trabajos más notorios en este campo es profundamente defectuosa, especialmente debido a la mala aplicación de la complicada noción de lo hereditario. Esto constituye un verdadero problema en lo que respecta a la asimilación a nivel popular de la información genética. Constantemente escuchamos afirmaciones tales como que la inteligencia está determinada, en un 60%, por la genética. Usualmente, esa clase de afirmación se basa en una estimación de aquello que es genéticamente heredable. Dicho de otra manera, lo que mide la heredabilidad genética es la proporción de variación de una característica constantemente variable (la altura, el puntaje en un test de coeficiente intelectual, la longevidad, etc.) que puede justificarse por las diferencias de los genes. Debemos advertir de manera inmediata que si reguláramos por ley la existencia de un entorno totalmente homogéneo –quizá por obra de un gobierno totalitario extremo–, toda variación debería ser justificada por medio de las diferencias genéticas –las únicas diferencias que existirían– y la heredabilidad genética de todos los rasgos sería del 100 por ciento. De manera inversa, en una población de clones genéticamente idénticos, la heredabilidad genética sería de cero. Debería resultar obvio que la determinación genética no es en absoluto lo que mide la heredabilidad: si la inteligencia está determinada genéticamente, es de suponer que estaría determinada incluso en una población de clones. De hecho, por lo que sé, la expresión "determinada genéticamente en un 60%" carece por completo de significado. Un alto nivel de heredabilidad no nos dice nada acerca del grado en que la transmisión de un rasgo pueda ser biológica.

Este punto subraya el hecho de que resulta extremadamente difícil, probablemente imposible, separar las causas biológicas y sociales de una variable tan compleja como puede serlo el nivel intelectual. Como ya he explicado en el capítulo anterior, el desarrollo de características complejas es el resultado de la interacción constante entre los atributos biológicos y el entorno. En cualquier sociedad en la que la raza sea un factor significativo –es decir, en casi todas las sociedades actuales– el entorno será sistemáticamente diferente para las personas de diferentes razas. Crecer como miembro de un grupo en desventaja es una experiencia que inevitablemente será diferente de la de crecer como miembro de un grupo dominante, y es probable que esas diferencias sean tan influyentes que imposibiliten cualquier investigación significativa que pretenda evaluarlas abstrayéndolas de la variable de la raza. De manera que la alternativa de estudiar un componente biológico de estas diferencias será un propósito muy difícil por no decir imposible. En cierto grado, lo mismo puede decirse de la capacidad atlética. Sin embargo, en este último caso las diferencias de aptitud pueden ser de definición más neta y estar más directamente relacionadas con rasgos que fueron sometidos a una fuerte selección entre los ecotipos humanos, sugiriendo de ese modo que las diferencias basadas en particularidades de los distintos ecotipos pueden resultar significativas.

Antes de abandonar el tema de la raza, es de gran importancia acentuar que nada de lo dicho implica alguna justificación para tratar de manera diferente a los individuos según su raza, ya que tal clase de justificación no existe. Las diferencias promedio del coeficiente intelectual, en el caso de que fueran establecidas, serían absolutamente irrelevantes para decidir si un individuo es adecuado para ocupar una posición en particular. Dicho de otra manera, si el coeficiente intelectual es un factor relevante para decidir la idoneidad de un individuo para un empleo, es el coeficiente del individuo lo que importa, y no el coeficiente intelectual promedio de un grupo. Existe cierto riesgo de que una exposición tal como la que acabamos de presentar sea entendida como una insinuación de que es posible justificar, empíricamente, la discriminación de un grupo. Sería, por cierto, un malentendido desastroso: las exigencias de justicia natural no son de ninguna manera rehenes de los hallazgos empíricos. Pero tengo la esperanza de que valga la pena correr el riesgo de ese malentendido en virtud de infundir mayor claridad sobre esa realidad biológica en cuestión.

SEXO

A diferencia del caso de la raza, cuya base biológica es sutil y polémica, no hay duda alguna de que el sexo tiene una sólida base biológica. Es cierto, y muy interesante además, que tendemos a insistir y reforzar una diferencia mucho más rígida y absoluta que la que en realidad la biología nos proporciona. Un número significativo de niños humanos nacen con rasgos característicos de ambos sexos, y la aparición de categorías sexuales exhaustivas es, en parte, un artefacto de la insistencia de la sociedad y de la profesión médica, que exigen que cada niño sea asignado a un sexo o al otro, aun cuando ello requiera una intervención quirúrgica de gran envergadura. No obstante, una frontera fluida entre los sexos no contradice el hecho de que la mayoría de los casos no son problemáticos, así como la borrosa frontera entre los lampiños y los hirsutos puede admitir el caso de un hombre lampiño que tiene una abundante cabellera.

Resulta interesante el hecho de que la evolución del sexo siga siendo un tema poco comprendido. Si pensamos en la reproducción sexual como algo que evolucionó a partir de una especie previamente asexuada, la sexualidad parece ser una muy mala idea desde el punto de vista evolutivo. Ésta es una cuestión que puede considerarse con la mayor facilidad desde el punto de vista genético. En una población de reproductores asexuales, un organismo que intentara la reproducción sexual sólo transmitiría la mitad de sus genes a cada miembro de su prole. A menos que fuera capaz de producir el doble de retoños, sus genes saldrían mal parados de la competencia evolutiva con sus rivales asexuales. En consecuencia, podemos esperar que los genes que tendían a transmitir sexualidad se extinguieran rápidamente. Podríamos imaginar la existencia de una especie en la que machos y hembras cooperativos pudieran producir conjuntamente más del doble de descendientes de los que podría producir en soledad una hembra partenogenética. Sin embargo, la realidad es que en la mayoría de las especies existen hembras que se reproducen sexualmente y que crían a sus retoños sin ninguna ayuda. ¿Por qué no son superadas por mutantes partenogenéticas que pueden transmitir el doble de genes? Dicho de otro modo, desde una perspectiva evolutiva, los machos que no contribuyen a criar a los retoños parecen ser parásitos genéticos. ¿Por qué la evolución no cumple mejor su propósito y se libra de ellos?

La respuesta presumiblemente debe implicar algún beneficio muy considerable proporcionado por la reproducción sexual. Solía ser muy popular responder que esa recombinación genética entre parejas proporcionaba variedad, y de ese modo permitía que una especie respondiera con mayor eficiencia a los cambios de las oportunidades ambientales. Pero ahora este argumento se considera muy endeble. Casi todos los cambios genéticos son perjudiciales, y desde el punto de vista de un individuo con una combinación de genes bien equilibrada, lo suficientemente buena como para inducirlo al intento de reproducirse, lo más probable es que ese individuo no tenga ningún deseo de mezclar sus genes impulsado por la esperanza de lograr algo todavía mejor. Es posible argumentar que hay procesos de selección en el nivel de las especies, y que esas especies más aptas para evolucionar acabarán por sobrevivir mejor que aquellas estancadas en un legado genético más inflexible. Pero la selección entre las especies es una idea polémica, y no resulta difícil advertir por qué. Es muy bueno tener la posibilidad de evolucionar hasta algún esplendido tipo nuevo, pero si la especie ya se ha extinguido en un aluvión de experimentos genéticos poco exitosos, eso probablemente nunca ocurra. Por lo que parece, la reproducción sexual debe tener alguna ventaja mucho más inmediata.

Y la candidata más plausible para encarnar esa ventaja es la capacidad de resistirse a la depredación de los microorganismos. Los parásitos microscópicos, con períodos de generación de minutos en vez de años, pueden evolucionar miles de veces más rápido que sus anfitriones multicelulares, y dentro del período de vida del anfitrión pueden evolucionar para explotar con aun mayor eficiencia el entorno que ese anfitrión les proporciona. Si los hijos fueran genética, y por lo tanto bioquímicamente, idénticos a sus progenitores, nacerían equipados con parásitos perfectamente adaptados que los estarían esperando para convertirlos en sus presas. La reproducción sexual, al proporcionar sutiles diferencias del entorno bioquímico, proporciona a los organismos una nueva ventaja sobre los parásitos en cada generación. O así dice la historia.

En cualquier caso, sabemos que la reproducción sexual es un rasgo dado de la especie humana. Probablemente unos pocos humanos sean clonados muy pronto, tal vez mientras este libro esté en imprenta. Pero incluso aunque esta tecnología demuestre ser capaz de producir humanos saludables –algo que aún está muy lejos de ser demostrado–, el costo y la dificultad del procedimiento sin duda dejará que la reproducción sexual siga siendo el modo predominante de reproducción en el futuro predecible. Sean cuales fueren las ventajas de la reproducción sexual, los organismos sexuales evolucionaron en algún momento a partir de sus antecesores asexuales y, a juzgar por la frecuencia con que se practica en la actualidad, el sexo ha demostrado ser una buena idea.

SEXO Y GÉNERO

El tema que ocupará el resto de este capítulo es la dilucidación de si los orígenes evolutivos del sexo pueden aportarnos algo respecto de las diferencias contemporáneas entre hombres y mujeres. Nos resultará útil empezar por referirnos a la distinción –desarrollada hace pocas décadas por la segunda oleada del feminismo pero que, desafortunadamente, cada vez cae en mayor desuso– entre sexo y género.

"Sexo", tal como emplearé el término, se refiere a la diferencia biológica entre machos y hembras. Los humanos masculinos paradigmáticos tienen pene, vello facial, etc., y un par de cromosomas XY; las hembras humanas paradigmáticas tienen vagina, útero y un par cromosómico XX. Tal como se ha señalado, algunas personas no entran completamente dentro de ninguna de estas categorías sexuales, pero sí lo hace una gran mayoría de individuos.

"Género", por otra parte, es un término que alude a algo muy distinto, a las diferencias sistemáticas de conducta entre los humanos masculinos y femeninos. A diferencia de lo que ocurre en el caso del sexo, el género parece diferir radicalmente en las diversas culturas humanas. En las culturas más tradicionales, el género es bastante rígido. Los hombres y las mujeres reciben diferente educación; se espera que se dediquen a diferentes ocupaciones: con frecuencia se espera que las mujeres se dediquen a las tareas domésticas y a la crianza de los hijos, que usen ropa diferente, que pasen su tiempo en lugares diferentes y así por el estilo.

En las sociedades occidentales contemporáneas la diferenciación genérica se ha hecho mucho más fluida. Sin embargo, existen grandes diferencias estadísticas. Los niños y las niñas tienden a jugar con juguetes diferentes, y los juegos de los niños son más violentos. Muchas tareas siguen siendo mayoritariamente privativas de hombres o de mujeres. Las mujeres aún cumplen con gran parte de las tareas domésticas, y pasan mucho más tiempo ocupándose de los niños, así como de los ancianos y los enfermos. Aunque la fluidez es cada vez mayor en este campo, la ropa sigue siendo aún muy diferenciada. Las mujeres usan la gran mayoría de los lápices de labios y los tacos altos, los hombres la mayoría de las corbatas y los overoles. Y la conducta se juzga de manera diferente según el género del agente. La conducta agresiva, percibida como una indicación de iniciativa, visión y ambición en un hombre, puede recibir un juicio mucho más negativo cuando se trata de una mujer. Se ha realizado una enorme cantidad de investigación, casi siempre inspirada por el feminismo, destinada a explorar las ramificaciones de las divisiones de género en todas las facetas de la sociedad. Conviene mencionar que las estudiosas del feminismo han criticado la distinción entre sexo y género, y algunas han argumentado, por ejemplo, que esa distinción sugiere, falsamente, que el sexo está fuera del alcance de cualquier clase de influencia social. Sin descartar estas dudas, nuestro propósito actual era lograr que esa distinción se entendiera adecuadamente.

Es importante señalar que el sexo y el género pueden darse separadamente. Habitualmente se requiere que los aspirantes a transexuales adopten el género deseado durante cierto lapso antes de someterse a los tratamientos quirúrgicos y hormonales que, según ciertas opiniones, les permitirán un cambio de sexo. (Una de las maneras en que los términos "sexo" y "género" suelen emplearse mal es cuando se habla de "cirugía de reasignación de género". El género puede reasignarse cambiando de ropa y de conducta. La cirugía, en cambio, puede o no tener éxito para cambiar el sexo de alguien.) La historia registra casos de mujeres que han tenido éxito en carreras y profesiones sólo accesibles a los hombres, y lo han hecho adoptando exitosamente, y sin cuestionamientos, el género masculino. Sin embargo, se trata de excepciones, y en general hombres y mujeres se dividen según el género siguiendo las líneas de la distinción biológica del sexo.

GÉNERO Y PSICOLOGÍA EVOLUTIVA

Debido a las diferencias culturales referidas a la articulación del género, y debido a la creciente fluidez de las divisiones de género que se han vuelto predominantes en las sociedades modernas, por no hablar de los casos mencionados en el párrafo anterior, se ha hecho cada vez más común suponer que el género está laxamente relacionado con el sexo, y que se trata en general de una imposición social que deriva de la división biológica básica. Sin embargo, los sociobiólogos y, más recientemente, los psicólogos evolutivos han enunciado fuertes objeciones con respecto a esa tendencia. Y no es difícil entender esos reparos. Desde un punto de vista evolutivo, lo más importante que puede hacer un organismo es reproducirse. La selección natural suele describirse en términos de un imperativo de supervivencia y reproducción, pero siempre se entiende que la supervivencia es sólo un medio para conseguir el segundo propósito. No hay ninguna ventaja en vivir tanto tiempo como Matusalén si uno no produce descendencia. Como los machos y las hembras desempeñan diferentes papeles en la reproducción y deben emplear diferentes estrategias de conducta si es que desean reproducirse, es natural suponer que el sexo se correlaciona con diferentes disposiciones de conducta. Ése es, demostrablemente, el caso de la mayoría de los organismos sexuales, de modo que, basándonos en el principio general de considerar a los humanos, en líneas generales, como un *continuum* respecto de los otros organismos, es natural suponer que lo mismo ocurre en nuestro caso. Por lo tanto, también es natural suponer que las diferencias de género son, básicamente, una articulación de las estrategias impuestas por la biología para lograr el éxito reproductivo.

El primer paso de la articulación de la perspectiva precedente es rechazar la idea de que el género es muy variable en diferentes culturas, y argumentar que en realidad las diferencias de género son leves variaciones de un patrón humano universalmente impuesto. ¿Qué patrón? Para responder a esta pregunta, podemos abordar un enfoque laborioso, que sería el intento de analizar numerosas culturas, estudiar sus diferencias de género y descubrir en ellas los puntos comunes subyacentes. Sin embargo, se trata de una estrategia poco promisoria. Existen innumerables cosas diferentes que hacen las personas, y cada una de esas cosas puede ser hecha de maneras sutilmente diferentes por los hombres y las mujeres. Por ejemplo, ¿debemos concentrarnos en la manera en que se viste la gente o en la manera en que mastican su comida? Mucho más prometedor es elaborar por medio de la argumentación evolutiva general, cuáles son los puntos comunes que podemos esperar encontrar, y luego ver en qué culturas aparecen esos puntos, revelando tan sólo algunas variaciones menores.

Aquí nos encontramos con un argumento clásico que se presenta en cada consideración estándar de la sociobiología y de la psicología evolutiva. Este argumento analiza la reproducción desde una perspectiva económica, en términos de los réditos obtenidos a cambio de la inversión que hacen los progenitores. El punto de partida es la observación de que la inversión mínima es mucho menor para un hombre que para una mujer. Con buena suerte, los hombres pueden lograr el éxito reproductivo en pocos segundos, en tanto mínimamente las mujeres deben pasarse nueve meses embarazadas y usualmente mucho más tiempo cuidando al niño. Tras haber invertido sus pocos segundos, los hombres pueden elegir entre colaborar con el cuidado del niño o buscar más oportunidades reproductivas. Dada esta carencia de mayor compromiso, los hombres estarán dispuestos a tener relaciones sexuales en todo momento, mientras que las mujeres, suele argumentarse, sólo estarán interesadas en las oportunidades notablemente buenas, es decir, en genes notables o en una disposición verosímil a colaborar en el cuidado de los hijos. La mujer óptimamente evolucionada pretenderá ambas cosas: conseguir al tonto que piense que ella está concibiendo sus hijos y por lo tanto los cuide, pero escurrirse en busca de los mejores genes cuando él esté distraído (o, tal vez, mientras esté cuidando a los niños). Para respaldar esta versión maquiavélica de la psicología femenina, se alega que la infidelidad femenina usualmente se produce en el momento de mayor fertilidad del ciclo menstrual, y se afirma que tal vez el 15% de los niños humanos no tienen el padre genético que creen tener. Esta última observación induce a perturbadoras especulaciones sobre las probables consecuencias de la introducción de pruebas genéticas de paternidad confiables y baratas.

Este contraste básico ha sido elaborado por medio de suntuosas teorías sobre la conducta humana, y hay enormes proyectos de investigación destinados a demostrar que esta conducta universal se adecua al supuesto patrón en todas las diferentes culturas posibles. No resulta sorprendente que la conducta propuesta coincida con muchos estereotipos occidentales. Los hombres son agresivos, promiscuos, dispuestos a correr riesgos, y se sienten atraídos hacia mujeres jóvenes y saludables con figura de ánfora –que indica la ausencia de hijos anteriores y, aparentemente, buena salud–. Las mujeres son cautelosas y manipuladoras en el terreno sexual –ofrecen sexo sólo a cambio del cuidado de los hijos o de alimentos, a menos que el hombre les resulte genéticamente irresistible–. Se sienten atraídas por los hombres a causa de su poder y sus recursos. Y así sucesivamente.

En este capítulo no entraré en demasiados detalles acerca de por qué esta clase de planteo teórico no me resulta en absoluto convincente, porque ya lo he expresado en términos generales en el capítulo anterior, y lo que ya dije allí se aplica plenamente a este caso. Aquí expresaré el argumento principal del capítulo anterior de una manera un poco diferente. Como existen estereotipos, muchas personas encontrarán convincente las versiones del género que ofrece la psicología evolutiva. Los estereotipos suelen tener una base de verdad. Aunque existe gran diversidad en la conducta sexualmente diferenciada dentro del reino animal en general, también existen patrones, y muchas especies conforman los estereotipos que se han planteado para los humanos. Los ambiciosos sociobiólogos varones con frecuencia encuentran relevante para la condición humana la imagen de los dominantes elefantes marinos machos o de los ciervos que mantienen a distancia a sus rivales para disfrutar tranquilos del acceso a los harenes de hembras. Todo lo que deseo argumentar en este punto es que incluso si los roles de género humanos fueran un correlato evolutivo del sexo humano, y un correlato que evolucionó en alguna parte del linaje humano ancestral hasta todas las poblaciones humanas contemporáneas, eso no nos diría nada en absoluto acerca de la mutabilidad de los roles de género. Espero que la importancia de esta conclusión resulte suficientemente obvia. Con frecuencia suele interpretarse que las explicaciones biológicas de los hechos sociales tienen una connotación conservadora.

Se supone que si algo forma parte de nuestra biología, lo mejor que podemos hacer es aprender a vivir con eso. Sin embargo, esa suposición no es necesaria.

EL GÉNERO COMO PARTE DE LA CULTURA

La base de mi contraargumentación no será una sorpresa. La interpretación conservadora de las afirmaciones evolutivas parte de la suposición de que la evolución se refiere esencialmente a la acumulación de genes. Pero desde la perspectiva defendida en este libro, ése no es de ningún modo el único camino para que pueda producirse un cambio evolutivo. Y, una vez dicho esto, hay que agregar que se trata de una ruta muy improbable para el proceso evolutivo que estamos considerando en este momento. Debemos tomar muy en serio la evidente diversidad de conductas sexuales, aun cuando supongamos que detrás de todas ellas subyace una sustancial influencia genética. Sólo debemos suponer, según lo que es correcto respecto del argumento psicológico evolutivo central, que la reciente divergencia entre las poblaciones humanas está impulsada por los cambios de los componentes culturales y no por los componentes biológicos de la etiología de la diferencia de género.

No se cuestiona que el desarrollo humano, al igual que el desarrollo de cualquier otro organismo, dará normalmente como resultado una intensa disposición a abocarse a la actividad sexual. Tampoco hay duda de que la clase y la frecuencia de esa actividad sexual dependen en alto grado del contexto social. La burguesía rural victoriana seguramente practicaba menos actividad sexual que, por ejemplo, los británicos contemporáneos que van de vacaciones a Ibiza, y no porque existiera alguna diferencia en sus genes. Así, dado que la conducta depende de la cultura, podemos preguntarnos tanto si los cambios de conducta del pasado, registrados históricamente, o los futuros cambios posibles, pueden ser el resultado de cambios culturales o de cambios genéticos. Una vez más, la respuesta es obvia: la cultura humana es mucho más rápidamente mutable y responde con mayor flexibilidad a su situación que el genoma humano.

Se podría aceptar que la conducta sexual humana cambia con los cambios culturales y varía sustancialmente en las diferentes culturas, y seguir sosteniendo de todas maneras que existe una diferencia constante entre la disposición sexual de hombres y mujeres. Por ejemplo, se podría sugerir que los hombres son más proclives, de manera constante, a la promiscuidad. Un defecto obvio de esta hipótesis es que la actividad sexual requiere la presencia de dos participantes, y el predominio de la homosexualidad masculina sobre la femenina no es suficientemente grande como para amenazar seriamente la conclusión de que tanto los hombres como las mujeres practican la copulación en un porcentaje similar. Es posible que las mujeres sean menos entusiastas, aunque me parece una hipótesis muy difícil de demostrar. Sin duda, la preponderancia de la prostitución indica que el sexo, en el caso de las mujeres, está motivado por una cosa diferente del deseo sexual, y sin duda hay circunstancias que no pueden calificarse literalmente de prostitución, en las que las mujeres practican el sexo por una diversidad de razones instrumentales. También es posible, y tal vez incluso plausible, que a muchos hombres les gustaría tener mayor actividad sexual de la que en realidad tienen. De modo que podemos aceptar la posibilidad de que existe cierta diferencia sistemática de disposición hacia la actividad sexual.

No obstante, esa admisión nos da poca o ninguna base para predecir cómo se comportarán las personas en una situación real. Es evidente que tanto los hombres como las mujeres son fuertemente proclives a tener sexo a veces, y en circunstancias apropiadas tanto hombres como mujeres tendrán mucha actividad sexual. También debemos tener en cuenta que es muy difícil distinguir lo biológico de las bases culturales de cualquier diferencia de disposición, y por razones muy obvias. En todas las culturas las mujeres son conscientes de que el sexo puede tener consecuencias muy serias (el embarazo y la responsabilidad de los hijos), y por lo tanto, aparte de cualquier diferencia biológica, deberá haber un alto umbral de voluntad de aceptar el riesgo. Como curiosa observación final, dado el rol que suele desempeñar en estas discusiones la insistencia acerca de nuestra continuidad con los otros animales, resulta irónico que en el caso de uno de nuestros parientes más próximos, los bonobos (o chimpancés "pigmeos"), los machos, las hembras, los jóvenes y los viejos entablan frecuentemente relaciones sexuales de todas clases (homosexuales, heterosexuales, genitales, orales, manuales, etc.). Se ha sugerido que los bonobos son únicos en el reino animal, en la medida de que el sexo casual es parte fundamental de su interacción social. Tal vez la especie humana también comparte algo de esta divergencia respecto de las predicciones tradicionales de la sociobiología.

En resumen, entonces, sabemos que lo que determina la verdadera conducta social humana es en gran parte cultural; las historias según las cuales las diversas prácticas sexuales humanas divergen deben entenderse sin duda como evoluciones culturales y no biológicas; no tenemos idea de cómo dividir las diferencias sistemáticas entre la conducta de hombres y mujeres en componentes biológicos y culturales. Las articulaciones posibles de la diferencia de género están por cierto limitadas, como todo lo que hacemos, por nuestra biología. Pero el pensamiento evolutivo no ayuda, y con frecuencia induce a error, como recurso aplicado a entender este fenómeno.

8
Conclusión

Al principio de este libro cité el famoso comentario de Theodosius Dobzhansky, en el que señala que aparte de la teoría de la evolución, en la biología nada tiene sentido. No pretendo que algo de lo que he dicho contradiga ese famoso dictamen. Sin embargo –y no resulta sorprendente– gran parte de la biología, y más específicamente de la biología humana, necesita mucho más que la evolución para tener sentido.

La tesis de esta obra es que suele malentenderse la importancia de la teoría de la evolución. Muchos científicos, con justicia impresionados por uno de los avances más significativos que se han hecho en cuanto a nuestra comprensión del mundo en que vivimos, tratan de extraer de la teoría de Darwin más de lo que ésta puede ofrecer. La evolución no puede proporcionarnos explicaciones detalladas de los innumerables rasgos de los organismos. Uno de los motivos importantes de esa imposibilidad es que esos rasgos son verdaderamente innumerables: no hay límites para el número de rasgos que podemos distinguir porque en la naturaleza los organismos son un todo integrado. No hay historia del cuello de la jirafa o de la trompa del elefante que sea independiente de la historia de la jirafa o de la historia del elefante. A veces resulta útil usar modelos que abstraen una parte diminuta de esa totalidad, pero debemos recordar siempre que se trata solamente de modelos, y que sólo nos dicen una parte parcialmente cierta de la verdad.

Gran parte de aquello que no funciona en la aplicación de la evolución puede relacionarse con una plaga muy familiar del pensamiento científico, el reduccionismo. El reduccionismo es el enfoque de la ciencia que sostiene que para entender algo científicamente debemos desarticularlo y ver cómo encaja cada parte, y la manera en que la conducta del todo deriva de la conducta de las partes. Es una metodología científica de fundamental importancia, pero tiene sus límites, y éstos no suelen respetarse adecuadamente. Mi argumentación toma en cuenta varios abusos reduccionistas. El primero es el intento de atomizar los organismos en sus rasgos y proporcionar explicaciones definidas y diferenciadas de la evolución de esos rasgos. Puede resultar esclarecedor detectar una función de una parte de un organismo que ha tenido importancia para que los organismos que poseen esa parte hayan sido seleccionados, pero es esencial advertir que sólo los organismos, y no sus partes, son los que han sido seleccionados, y que casi todas las partes de los organismos ejercerán muchos efectos diferentes sobre el éxito que alcance ese organismo. El segundo abuso del reduccionismo, y tal vez el más clásico, es el exceso de énfasis puesto en lo genético. Los genes son entidades ideales para el reduccionista, y no resulta sorprendente que se les hayan atribuido poderes extraordinarios sobre el organismo, ni que, en términos genéticos, se hayan producido versiones distorsionadas de la evolución. Uno de los pasos más importantes para dar sentido a la biología es abordar desde una perspectiva adecuada el tema del poder extraordinario, pero no ilimitado, de los genes.

Estos dos errores reduccionistas debilitan todos los intentos de interpretar, desde la biología, la naturaleza humana. La complejidad del proceso de desarrollo es mayor en el caso de los humanos que en cualquier otro. La mente humana se desarrolla bajo continuas influencias que interactúan desde el exterior y desde el interior. Por lo tanto, es imposible especificar relaciones directas entre los elementos del genoma y los diferentes aspectos de la mente. El intento de hacerlo, combinado con el enfoque reduccionista de la evolución que sólo ve la acumulación de genes, conforma un camino desviado e inútil para la comprensión de la mente humana. De hecho, la imposibilidad de correlacionar los rasgos del genoma con los rasgos de la mente puede proporcionarnos un ejemplo extremo de la inutilidad del enfoque genético de la evolución. No es posible considerar una secuencia de genomas como núcleo del proceso evolutivo, simplemente porque un genoma no especifica un fenotipo. Tal como un número cada vez mayor de teóricos ha empezado a reconocer, es necesario volver a considerar el desarrollo en nuestro enfoque de la evolución.

Eso en cuanto al mensaje negativo de este libro. En cuanto a lo positivo, se produce una gran cantidad de trabajo científico casi siempre rutinario, a veces interesante, a medida que se desarrolla y se expone la teoría. El estudio de fósiles, el descubrimiento y la clasificación de las formas vivas y sus relaciones geográficas, y la acumulación de conocimientos en cuanto a semejanzas y diferencias en la química de todas las formas vivas contribuyen a proporcionarnos un cuadro más preciso de la verdadera historia de la vida en nuestro planeta. Los trabajos teóricos sobre los modelos evolutivos nos proporcionan un enfoque mejor de las clases de procesos evolutivos posibles o probables, y permiten enunciar juicios informados acerca de los procesos por los que pueden haber pasado los linajes reales. Existe, en suma, una gran cantidad de trabajos valiosos y no problemáticos que amplían nuestro conocimiento de la evolución en lo general y en lo particular, dentro de lo que Thomas Kuhn llamó ciencia normal. No he hablado mucho del tema en este libro porque suele ser de particular interés para los especialistas y los entusiastas. Espero haber dicho lo suficiente como para señalar las áreas generales en que ese trabajo se está llevando a cabo.

Por otra parte, he acentuado un mensaje de la evolución que reviste mayor interés general, y cuya importancia, según creo, ha sido con frecuencia minimizada. Darwin y sus descendientes intelectuales nos han suministrado un conocimiento esencial de la naturaleza del mundo en que vivimos y sobre nuestro lugar en él, una contribución importante a nuestra metafísica básica. Aún se sigue suponiendo generalizadamente que es la clase de conocimiento que debería provenir de los filósofos o incluso de los teólogos. En este caso, de todos modos, el conocimiento ha provenido de la biología y yo, como filósofo, me contento con hacer lo posible por interpretarlo. He afirmado que los teólogos pueden ser menos complacientes, e incluso tal vez necesiten cambiar su formación, preparándose para una disciplina cuyo tema tenga mayores posibilidades de existencia.

En suma, deseo insistir en un enfoque que antes parecía obvio, pero que ahora puede resultar ingenuo. Y ese enfoque afirma que gran parte de la contribución de Darwin fue la de dar un paso importante en el camino que nos aleja del animismo primitivo, pasando por los grandes héroes científicos del Renacimiento –Copérnico, Galileo, Newton y otros–, en dirección a una visión del mundo naturalista que finalmente logró prescindir de los fantasmas, los espíritus y los dioses que servían para explicar, en épocas anteriores, todos los fenómenos naturales.

He dicho que este cuadro puede parecer ingenuo, porque en décadas recientes hemos aprendido a ser mucho más escépticos respecto de las afirmaciones de la ciencia. Y, de hecho, este mismo libro ejemplifica un poco de ese escepticismo. Por cierto he criticado algunas ideas que pasan por ser científicas y que gozan de gran difusión. No pretendo afirmar que la ciencia nos ha explicado lo más importante del mundo, que ya no quedan misterios por descubrir ni que la ciencia nos dirá alguna vez todo lo que nos gustaría saber. No tengo dudas de que en el cielo y la Tierra hay más cosas de las que cualquier filosofía podría imaginar. Lo que quiero afirmar es que sabemos lo suficiente como para aceptar nuestra ignorancia. Tenemos suficiente idea sobre cómo, a veces, podemos descubrir verdades bastante profundas sobre el mundo que habitamos, y ya no debemos quedar satisfechos con mitologías que se construyen por pura ignorancia. Y ésa es la verdadera fuerza de mi insistencia en el empirismo. Mi clase de empirismo no postula que debemos tener bases plenamente convincentes para lo que creemos, ni tampoco que podemos encontrar fundamentos incuestionables para cualquier cosa que trascienda lo inmediato y lo banal. Sólo postula que tenemos razones para creer las cosas en las que creemos, y que podemos rechazar todo aquello que no está sustentado por razones. Una exigencia modesta, tal vez, pero que, según creo, podría eliminar una gran parte de las mitologías religiosas y supersticiosas que siguen dominando, y a veces devastando, las vidas humanas.

Lecturas suplementarias

CAPÍTULO 1

La más famosa obra de Karl Popper sobre metodología es *The logic of scientific discovery*, Londres, Hutchinson, 1959 [trad. esp.: *La lógica de la investigación científica*, Barcelona, Círculo de Lectores, 1995]. La discusión sobre el alcaudón y el uso que se le ha dado está extraída de David Buss, *The evolution of desire*, Nueva York, Basic Books, 1994 [trad. esp.: *La evolución del deseo*, Madrid, Alianza, 2004]. También se alude a la obra de Ben Greenstein, *The fragile male*, Nueva York, Birch Lane Press, 1993.

CAPÍTULO 2

Hay varias buenas introducciones generales a la teoría de la evolución. La de John Maynard Smith, *The theory of evolution*, Harmondsworth, Penguin, 1977 [trad. esp.: *La teoría de la evolución*, Madrid, Hermann Blume, 1984] es una de las mejores. Un tratamiento más filosófico, que profundiza considerablemente el tópico de la selección natural, se ofrece en la obra de Elliott Sober, *The nature of selection*, Cambridge, Mass., MIT Press, 1984. El libro de Sober desarrolla un enfoque pluralista de las unidades de selección. Más recientemente, Sober se ha involucrado con el intento de rehabilitar la importancia de la selección grupal, en Elliott Sober y David Sloan Wilson, *Unto others: the evolution of altruism*, Cambridge, Mass., Harvard University Press, 1998 [trad. esp.: *El comportamiento altruista, evolución y psicología*, Madrid, Siglo XXI, 2000]. La clásica exposición sobre selección genética de Richard Dawkins es *The selfish gene*, Oxford, Oxford University Press, 1976 [trad. esp.: *El gen egoísta*, Barcelona, Salvat, 2000]. De manera subsiguiente, ha escrito una serie de libros extremadamente abordables y legibles acerca de la evolución.

La fuente clásica para la teoría sistémica del desarrollo es la obra de Susan Oyama, *The ontogeny of information*, Cambridge, Cambridge University Press, 1985. Sin embargo, no se trata de un libro fácil. Se puede encontrar una lúcida perspectiva general en el trabajo de P. E. Griffiths y R. D. Gray, "Developmental systems and evolutionary explanations", *Journal of Philosophy*,

91, 1994, pp. 277-304. Un libro reciente y excelente que desarrolla ideas a partir de esta tradición es el de Lenny Moss, *What genes can't do*, Cambridge, Mass., MIT Press, 2002.

La teoría del equilibrio puntuado fue introducida por Niles Eldredge y Stephen Jay Gould en "Punctuated equilibria: an alternative to phyletic gradualism", en T. Schopf (comp.), *Models in paleobiology*, San Francisco, Freeman, 1972.

CAPÍTULO 3

Una fuente estándar del modelo clásico de explicación por derivación es la obra de Carl G. Hempel, *Philosophy of natural science*, Nueva York, Englewood Cliffs, Prentice-Hall, 1968/1999 [trad. esp.: *Filosofía de la ciencia natural*, Madrid, Alianza, 2002]. Es posible lograr una aproximación sencilla a la filosofía de David Hume por medio de su libro *An enquiry concerning human understanding* [1748] [trad. esp.: *Investigación sobre el entendimiento humano*, Tres Cantos, Itsmo, 2004].

Gran parte del pensamiento escéptico sobre la posibilidad de proporcionar detalladas explicaciones adaptativas procede del libro de Richard Lewontin, *The genetic basis of evolutionary change*, Nueva York, Columbia University Press, 1974 [trad. esp.: *La base genética de la evolución*, Barcelona, Omega, 1979]. Un artículo clásico sobre el tema es el de S. J. Gould y R. C. Lewontin, "The spandrels of San Marco and the panglossian paradigm: a critique of the adaptationist programme", *Proceedings of the Royal Society of London*, 205, 1979, pp. 581-598.

La distinción entre adaptación y exaptación fue introducida por S. J. Gould y Elizabeth Vrba, "Exaptation–a missing term in the science of form", *Paleobiology*, 8, 1982, pp. 4-15. Gould sobre el pulgar de los pandas puede encontrarse en la obra *The panda's thumb*, Nueva York, Norton, 1980 [trad. esp.: *El pulgar del panda*, Barcelona, Crítica, 2001]. En este volumen y en otros libros de Gould pueden encontrarse otros deliciosos ensayos que ejemplifican este tema general.

La fuente clásica del uso de modelos en ciencia es la obra de Mary Hesse, *Models and analogies in science*, South Bend, Ind., University of Notre Dame Press, 1966. Para un desarrollo reciente del enfoque de la ciencia como una construcción de modelos más que como un descubrimiento de leyes, véase Ronald Giere, *Science without laws*, Chicago, University of Chicago Press, 1999.

CAPÍTULO 4

En los últimos años se ha publicado un número de libros excelentes sobre Darwin. El que trata más específicamente su relación con la religión es el volumen de James Moore, *The Darwin legend*, Londres, Hodder & Stoughton, 1995. Para la crónica de Darwin sobre sí mismo, véase *The autobiography of Charles Darwin*, N. Barlow (ed.), Londres, Collins, 1958 [trad. esp.: Charles Darwin, *Autobiografía*, Madrid, Alianza, 1997].

La interpretación pragmática de la creencia que hace William James está contenida en su ensayo "The will to believe", dentro de una colección de ensayos que lleva el mismo título, Cambridge, Mass., Harvard University Press, 1979 [trad. esp.: *La voluntad de creer*, Madrid, Encuentro, 2004]. La declaración clásica del argumento del diseño es la obra de William Paley, *Natural theology* [1802]. La crítica que hace Hume de este argumento se encuentra en *Dialogues concerning natural religion* [1779] [trad. esp.: *Diálogos sobre la religión natural*, Madrid, Tecnos, 1994].

Un ejemplo de la nueva versión del argumento del diseño que se enrola en la tendencia del diseño inteligente es el libro de William A. Dembski, *Intelligent design: the bridge between science and theology*, Downers Grove, Ill., InterVarsity Press, 1999. La deducción de la mejor explicación está presentada en el volumen de Peter Lipton, *Inference to the best explanation*, Londres, Routledge, 2003. Los trabajos mencionados en el texto que reconcilian la evolución y el cristianismo son los de Michael Ruse, *Can a darwinian be a christian?*, Cambridge, Cambridge University Press, 2001, y de Gould, *Rocks of ages*, Nueva York, Vintage Books, 2002.

La visión de Stuart Kauffman respecto de la autoorganización puede encontrarse en el volumen *At home in the universe*, Oxford, Oxford University Press, 1995. Una buena discusión de las ideas actuales acerca del origen de la vida puede encontrarse en el volumen de John Maynard Smith y Eors Szathmary, *The origins of life: from the birth of life to the origins of language*, Oxford, Oxford University Press, 2000 [trad. esp.: *Ocho hitos de la evolución: del origen de la vida a la aparición del lenguaje*, Madrid, Tusquets, 2001].

CAPÍTULO 5

El dualismo de René Descartes se describe en *Meditations on first philosophy* [1642] [trad. esp.: *Meditaciones metafísicas*, Madrid, Alianza, 2005]. Una clásica y enérgica refutación es la obra de Gilbert Ryle, *The concept of mind*, Londres, Hutchinson, 1949 [trad. esp.:

El concepto de lo mental, Barcelona, Paidós, 2005]. Uno de los pocos defensores contemporáneos de la teoría de que los animales no humanos carecen de conciencia es Peter Carruthers, "Brute experience!", *Journal of Philosophy*, 86, 1989, pp. 258-269. Mi propia opinión antagónica puede encontrarse en *Humans and other animals*, Oxford, Oxford University Press, 2002, cap. 10. Los problemas de la concepción general de la vida después de la muerte se discuten en la obra de Bernard Williams, *Problem of the self*, Cambridge, Cambridge University Press, 1973, caps. 1-5 [trad. esp.: *Problemas del yo*, México, UNAM, 1986]. El capítulo 6 describe por qué la vida después de la muerte no sería muy divertida.

La comunicación de los monos vervet está descripta por Dorothy Cheney y Robert Seyfarth en *How monkeys see the world*, Chicago, Chicago University Press, 1990. Los experimentos tendientes a enseñarles el lenguaje a los grandes monos se discuten en mi libro *Humans and other animals*, cap. 11, que incluye citas de las investigaciones originales más importantes. Un enfoque muy legible de la evolución del lenguaje es el libro de Steven Pinker, *The language instinct*, Harmondsworth, Penguin, 1995 [trad. esp.: *El instinto del lenguaje: cómo crea el lenguaje la mente*, Madrid, Alianza, 2005].

CAPÍTULO 6

La obra clásica de Thomas Kuhn es *The structure of scientific revolutions,* Chicago, University of Chicago Press, 1962 [trad. esp.: *La estructura de las revoluciones científicas,* México, FCE, 1971]. El opus magnum de E. O. Wilson fue *Sociobiology: the new synthesis*, Cambridge, Mass., Harvard University Press, 1975 [trad. esp.: *Sociobiología: la nueva síntesis*, Barcelona, Omega, 1980]. Se enunciaron críticas en la obra de Richard Lewontin, Steven Rose y Leon Kamin, *Not in our genes: biology, ideology and human nature*, Nueva York, Pantheon, 1984 [trad. esp.: *No está en los genes: racismo, genética e ideología,* Barcelona, Crítica, 2003], y en el volumen de Philip Kitcher, *Vaulting ambition: sociobiology and the quest for human nature*, Cambridge, Mass., MIT Press, 1985. La historia de la controversia sobre la sociobiología está muy bien relatada por Ullica Segerstrale en *Defenders of the truth*, Oxford, Oxford University Press, 2000. Pueden encontrarse documentos clave, incluido el ataque inicial contra Wilson del Grupo de Estudio Sociológico de la Ciencia para la Gente y las respuestas de Wilson en el volumen de Arthur Caplan (comp.), *The sociobiology debate*, Nueva York, Harper & Row, 1978. Una declaración definitiva de los propósitos de la psicología evolutiva es el volumen de Jerome Barkow, Leda Cosmides y John Tooby (comps.), *The adapted mind*, Oxford, Oxford University Press, 1992, especialmente el extenso ensayo introductorio de Tooby y Cosmides. El volumen *How the mind works*, Nueva York, Norton, 1997, de Steven Pinker, ofrece un enfoque popular del tema. Pueden encontrare extensas críticas en la obra de Hilary Rose y Steven Rose (comps.), *Alas, poor Darwin*, Londres, Jonathan Cape, 2000, y en mi libro *Human nature and the limits of science*, Oxford, Oxford University Press, 2001.

La referencia a Dennet que aparece en el texto alude al libro de Daniel Dennett *Darwin's dangerous idea*, Nueva York, Simon & Schuster, 1995 [trad. esp.: *La peligrosa idea de Darwin: evolución y significados de la vida*, Barcelona, Círculo de Lectores, 2000]. Una apropiación similar del pensamiento teológico puede verse en referencia a Paley en el volumen de Richard Dawkins *The blind watchmaker*, Nueva York, Norton, 1986 [trad. esp.: *El relojero ciego*, Barcelona, RBA Coleccionables, 1993]. El estatus de la genética conductista humana y sus evidencias están muy bien explicados en el libro de Jonathan Kaplan, *The limits and lies of human genetic research*, Londres, Routledge, 2000, que también enuncia vigorosas críticas de muchas afirmaciones injustificadas que derivan de la misma fuente.

Se ha despertado el interés por las especulaciones de la psicología evolutiva sobre la violación debido a la obra de Randy Thornhill y Craig Palmer, *A natural history of rape: biological bases of sexual coercion*, Cambridge, Mass., MIT Press, 2000. Puede hallarse un amplio espectro de excelentes refutaciones en el libro de Cheryl Brown Travis (comp.), *Evolution, gender and rape*, Cambridge, Mass., MIT Press, 2003.

CAPÍTULO 7

La base genética de la diferencia racial, o su inexistencia, es discutida en el volumen de Stephen Jay Gould, *The mismeasure of man*, Nueva York, Norton, 1996 [trad. esp.: *La falsa medida del hombre*, Barcelona, Crítica, 2004], y en el de Lewontin, Rose y Kamin, *Not in our genes* [trad. esp.: *No está en nuestros genes…*, *op. cit.*]. El ensayo de Pigliucci y Kaplan puede encontrarse en: <http://fp.bio.utk.edu/wisdom/Essays/race.html>.

La fuente reciente más conocida de afirmaciones acerca de la correlación entre raza y coeficiente intelectual es el libro de Richard Herrnstein y Charles Murray, *The bell curve: intelligence and class structure in american life*, Nueva York, Simon & Schuster, 1994. Una poderosa crítica de los argumentos que éstos plantean puede encontrarse en el trabajo de Ned Bloc, "How heritability misleads about race", *Cognition*, 56,

1995, pp. 90-128. Véase también otra discusión en Kaplan, *The limits and lies of human genetic research*; Anne Fausto-Sterling, *Sexing the body: gender politics and the construction of sexuality*, Nueva York, Basic Books, 2000, ofrece una iluminadora exposición de la imposición del dimorfismo sexual. El análisis económico de los roles sexuales en términos de inversión de los progenitores suele atribuirse generalmente al ensayo de Robert Trivers, "Parental investment and sexual selection", en B. Campbell (comp.), *Sexual selection and the descent of man*, Londres, Heinemann, 1972. La persona que ha puesto mayor energía en el intento de investigar las diferencias de género predichas por la psicología evolutiva es David Buss, en su libro *The evolution of desire*, Nueva York, Basic Books, 1994 [trad. esp.: *La evolución del deseo, op. cit.*]. El proyecto es criticado en mayor detalle en mi libro *Human nature and the limits of science*, Oxford, Oxford University Press, 2001.

Un resumen de la cultura de los bonobos, obra del eminente primatólogo Frans de Waal puede hallarse en: <http://songweaver.com/info/bonobos.html>. Este trabajo fue originalmente publicado en *Scientific American*, marzo de 1995, pp. 82-88.

CAPÍTULO 8

El reduccionismo se critica en detalle en mi libro: *The disorder of things: metaphysical foundations of the disunity of science*, Cambridge, Mass., Harvard University Press, 1993.

Índice analítico

Este libro se terminó de imprimir
en diciembre de 2005 en Latingráfica S.R.L.
(www.latingrafica.com.ar), Rocamora 4161
CP C1184 ABC, Buenos Aires.